U0098954

敢於創業，快速挖掘第一桶金

創業是一個風險與機遇並存的能動性實踐。在走向成功的征途中，每個人都希望創業成功，希望少走彎路、少摔跟頭，成功挖掘自己的第一桶金。

本書為你提供一個全新而開闊的視角，讓你贏在起點、敢想敢做、勇為人先……

景 山◎編著

前言 FOREWORD

　　「第一桶金」是一個跟創業有關的概念，它是人們在創業過程中獲得的第一筆財富。或許對於部分起點高的人而言，能夠通過各種管道迅速找到創業的突破點，掙得第一桶金，但對於僅憑滿腔熱血赤手空拳的普通創業者來說，賺取第一桶金幾乎難如登天。正如一齣戲所唱的：「一文錢買雞蛋，蛋變雞，雞變蛋，能變個沒完。」但大多數人就差那一文買蛋錢。

　　創業是一種冒險，是一種風險很大的社會實踐活動。不少創業者一開始並沒有做好創業的心理準備，貿然踏上這條艱險之路，結果遇到一點障礙，就半途而廢。更多的情況是創業者在剛開始創業的時候，還具有比較強的拼搏進取精神，也比較能吃苦耐勞、勤儉節約。但等創業到一定程度，企業有了一點成就之後，由於不願再承受更多的壓力和責任，很多人會產生小富即安、貪圖享受、不思進取的心理，有的甚至被小小的勝利沖昏頭腦，變得忘乎所以，從此失去了剛剛創業時的那種敏銳和憂患意識。而真正的危機恰恰就在這時降臨。有人說民營企業的平均壽命只有三年，根源也在於此。比爾‧蓋茲經常對員工說：微軟離破產永遠只有十八個月！其實他是用這種方式告誡自己的團隊：任何時候都不要忘記居安思危，任何時候都不要忘記進取和創新。

　　創業就是發現市場需求，尋找市場機會，通過投資經營企業滿足這種需求的活動。創業需要機會，機會要靠發現。在茫茫的市場經濟大潮中，要想尋找到合適的創業機會，需要創業者具備一定的素質。世界上並不缺少商機，缺少的是發現商機的眼睛。只要我們能夠發現商機，就能夠取得成功。

　　很多人認為創業成功是要有許多先天能力的，但實際任何能力都不是天生的。對於創業者來說，不可能在創業前就具備成功所需的「十八般武藝」，而需要在創業過程中歷練成長。能否儘快掌握這些「武藝」，關鍵取決於創業者是否具備獲取這些能力的意識和願望，而且在長期的創業歷程中堅持這些意識和願望。

　　創業者的經歷、環境、素質和所從事的行業領域各不相同，創業過程中遇到的矛盾和問題也不相同，必須要靠當事人的創新與突破，才能開闢一方新天地。任何的創業，都是一種探索，一種冒險，絕沒有一勞永逸的成功秘笈，也沒有預先畫好的地圖。一切都要因時、因地、因人、因事而異。

　　離開創新和創造，創業就是一句空話。如果以為僅模仿前人成功的經驗做法就能創業成功，那簡直是異想天開。因為如今的

世界，資訊瞬間萬變、科技日新月異、消費者需求永無止境，唯有不停地創新、創造，才能跟上時代的步伐，才能在異常激烈的競爭中站穩腳跟，脫穎而出。

創業經營是來不得半點形式主義、來不得半點疏忽大意、來不得半點耍花招的，如若犯之，必敗無疑。任何一個高遠的理想和目標，都要腳踏實地、一步一步地去實現，否則就會成為空中樓閣。成功的創業者，無一不是最務實的。無論做什麼事，都講求效果的最優化與效益的最大化。創業者們制訂任何計畫、宣導任何理念，最終都會實實在在地落實。即使是看似空泛的企業核心理念或口號造勢，也都有助於真正目標的實現。

在本書中，我們探究創業者成功的背後，發掘他們賺取第一桶金的秘密，並講述許多鮮為人知的故事。他們成功的榮耀是相同的，但每個人成功的方法和歷程卻千差萬別。從這些故事中，每個人都會找到成功創業者的素質標準，然後在創業的過程中不斷地調整自己，朝著成功一步步地前進。

目錄 CONTENTS

前言

04 Chapter

保持敏銳商業嗅覺，把握有利創業契機

05 Chapter

創業理念先行，打造特色產業模式

Chapter

06

堅忍不拔，創業者在逆境中成長

Chapter

07

打造企業優勢，增強競爭能力

Chapter 01

贏在起點，
快速挖掘第一桶金

第一桶金是創業成功最重要的一塊基石

　　當你雄心勃勃地開始創業時，你就不能只是簡單地想到辦公用的桌子、筆或者電腦、影印機、傳真機等。此時你要考慮的是如何行之有效地賺取到第一桶金。那第一桶金對於一個創業者意味著什麼？第一桶金是創業者營利的象徵，也間接地證明了其最初開創事業所走的道路是正確的，是有利可圖的。其實第一桶金具有的引領意義不止於此，當你賺取了第一桶金之後，你也就獲得了在市場上大展拳腳的「資格證」。第一桶金就如同剛長出的第一棵幼苗，在創業者的精心培育下，最終會長成參天大樹。

　　對於創業者來說，找到進入市場的切入點很重要。選擇正確的時機進入市場，更有利於創業者快速賺取第一桶金。這裡體現了第一桶金的重要性，它作為敲門磚，其重要的作用就是拋磚引玉，為日後的發展奠定基礎。只有在事業規劃之初定好位，把事業的基石夯實，才能在萬千創業者中脫穎而出，進而把事業做大、做強。

　　王永慶領導的台塑集團資產超過百億美元，而他本人也和香港的李嘉誠、馬來西亞的陳必新一樣，被稱為世界最著名的華人鉅賈。可是很少有人知道王永慶的成功是靠著二百塊錢的大米生意開始的。

　　那時王永慶十六歲，他靠著父親從別人那裡借來的二百塊錢，在嘉義開了一家米行，那個時候嘉義已經有了幾十家米行，同行之間的競爭非常厲害，所以王永慶的米行開張之初，根本就

沒有什麼人來買米。每天王永慶打開米行的門後第一件事就是向天祈求，希望這一天的生意能夠好一點，可惜生意依舊冷冷清清，更談不上什麼好轉。

沒有辦法，王永慶決定送米上門，他開始揹著大米挨家挨戶地推銷。可是一天下來累得半死，卻推銷不出去多少大米。因為大米不像其他的生活用品，那時候每家每戶都是按月定時購買好大米，放在家裡，誰家也不會等到沒有米了才跑去購買，所以遇到上門推銷大米的王永慶，大家都以自己家還有餘糧而拒絕。

坐地賣糧沒有效果，上門推銷又不見成效，正當他一籌莫展的時候，王永慶的一位鄰居上門來買米，見王永慶放在角落裡的一袋米十分乾淨，一點秕糠、沙子都沒有，於是指著這袋米說：「我就買這袋，這袋米好。」王永慶說：「這袋米當然好，我是挑出了所有的秕糠、沙子準備給自己吃的。」鄰居馬上說：「如果你把所有米都弄成像給自己吃的米一樣，還愁生意不好？」

王永慶一聽，心裡一下子豁然開朗，因為當時的農業還處在手工業的狀態，由於稻穀收割和加工的技術落後，小石子之類的雜物很容易摻雜在米裡。人們在做飯之前，都要淘好幾次米，很不方便。王永慶想，如果自己賣的米真的能夠像現在賣給鄰居的那袋米一樣，挑出所有的秕糠和小石子，那麼還用發愁生意不好嗎？

說幹就幹，從第二天開始，王永慶就和他的兩個弟弟動手把每一袋米裡的秕糠、沙石都一點一點地全部揀出來，然後再用風車吹，一直把米弄成像自己吃的一樣乾淨之後才出售。就這樣，嘉義的主婦都知道王永慶家的米行賣的米好，不但乾淨，而且再不用自己去挑揀秕糠、小石子了。

一傳十、十傳百，王永慶米行的生意一天比一天好起來。生意好起來了，王永慶並不覺得滿足，因為從這件事情當中，王永

慶明白了一個道理，那就是什麼生意都要當成做給自己的生意，只有把客戶放到自己的位置上，才有可能做得更好，而馬虎了客戶也就是馬虎了自己。於是他在把米賣給客戶時，主動把米送到客戶家裡，而且並不是單純地把米放到客戶家裡完事，王永慶還會主動看一看客戶家裡的陳米還有多少，並且問明客戶有多少人吃飯，幾個大人，幾個小孩子，每人的飯量如何，再記下客戶買米的時間，這樣一到時間，他就能夠主動地把相應分量的米送到客戶的家裡。

就這樣，第二年王永慶就擁有了自己的碾米廠，第三年就有了自己的加工廠……王永慶的生意越做越大，因為王永慶從小小的米店生意當中懂得了做生意的真諦，那就是做什麼生意都要當成給自己做生意！

後來在王永慶問鼎臺灣首富之後，許多人都說王永慶是經營之神，他的經營之術是如何的神奇，如何讓人無法想像，如何讓人叫絕，但王永慶卻說：「其實我的經營之術就是：賣給自己吃，賣給自己用，賣給自己看……只有把客戶放在自己的位置上，才能明白做事馬虎不得，一馬虎就會害了自己。」

王永慶的「給自己做生意」的理念，為他賺取了第一桶金。如果當時他一如既往地跟大多數同行一樣賣米。那他或許一生只能守著一家小米店，聊以糊口罷了，或者被湮沒在殘酷的市場競爭中，其創業最後以失敗告終。但王永慶沒有這樣，而是從客戶的角度出發，把客戶的需求放在心上，為客戶提供最好的服務，並努力做到最好，把這些轉變為自己的優勢。這樣贏得了客戶的好口碑，離成功也就不遠了。

獨自或集結幾個朋友的力量，擬訂一套計畫，並通過團隊的努力，逐步實現創業，最終讓夢想成真。這是任何一個創業者對財富、對未來簡單美好的憧憬。偉大的事業都萌發於最初的夢

想。夢想不足以使我們到達遠方，但到達遠方的人一定有夢想。

　　這個世界上有的人開朗外向，左右逢源，善於行銷公關，而有的人沉默內向，不苟言笑，卻精於謀劃創造。很多人都試圖通過研究成功者的創業史，來總結什麼性格的人創業會成功，成功創業是否有其固有的規律可循。很遺憾，世界之所以豐富多彩就是因為存在著各種可能性，如果萬事萬物都被程式化，那麼人們也就失去了在開拓探索過程中享有的樂趣。任何人創業都是如此，充滿冒險和不確定性。如果一定要苛求成功者的所謂成功秘訣，那麼只有一種：這世界上沒有現成的「果實」，只有腳踏實地的努力。

創業時步步為營，擴張中小心謹慎

　　投資創業是一個艱難的過程，一旦把大把的銀子投進去，開弓就沒有回頭箭。所以在選擇項目的時候，一定要慎之又慎。有一句老話叫做「選擇不對，努力白費；靠山山倒，靠人人倒」，就說明了選擇的重要性。如果在創業初始階段選錯了項目，即使再努力，恐怕成功也是遙不可及的。

　　企業要生存、要發展壯大，就要尋找自己的生存空間。如果把創業比作挖金礦，那麼創業者選擇一個好項目，就是要找到金礦的礦脈，挖到自己的第一桶金。

　　那麼在選擇項目的時候，究竟是選最賺錢的項目，還是做最熟悉的項目？這是仁者見仁、智者見智的，對於不同的人來說會有不同的選擇。對於初次創業的人來說，受資金等各方面條件的制約，還是選擇適合自己的、自己最熟悉的項目為好。

　　開始創業的時候，安全比什麼都重要，所以創業時選擇項目的首要原則，應該是選擇自己最熟悉的領域，這樣才最穩妥。如果你有創業夢想，那麼可以選擇一個自己感興趣又有發展前途的行業，找一個比較好的公司去打工，有目的地去學習和積累。不僅要學習所在公司和企業的管理知識、產品知識和行銷知識，還要充分利用公司或企業的平臺，廣泛結交和積累社會資源。熟悉以後，可以嘗試利用現有的知識做點事，打好自己的事業基礎，等各方面條件充分成熟以後，再開創自己的事業。如此積累之後再選擇做自己最熟悉的領域，就不太容易失敗。

　　創業者都希望自己能夠從事高利潤行業，這樣可以一本萬

利，順利實現發家致富的願望。但是到底哪些行業、哪些地方創業的機會多，成功的把握大呢？哪些創業機會屬於自己？要想成功創業，這些問題都是繞不過去的。

像世間萬物一樣，高利潤行業也有自己的規律。一個行業到了成熟期，就要衰敗，所以要多學習，多瞭解社會、行業動向，在成長期的時候就要進入，在衰退期的時候就要勇於退出。如果不認真瞭解市場，等自己進入的時候，高利潤行業也許變成了「雞肋」了。就如當年股市大熱，好多人就大舉進入，結果大漲之後迎來大跌，許多人被牢牢套住，無奈中調侃說：「寶馬車進去，自行車出來。」

對於小本創業的創業者來說，有些行業的進入門檻比較高，所以在創業的時候不要脫離自己的實際情況，要在自己的能力範圍之內，尋找適合自己的行業，力爭以小促大、以小謀大、由小做大，同樣可以做出一番事業。即使同一行業，不同時間成功的機率也不盡相同。說到底，創業機會的把握仍要取決於創業者本身。

一個企業只有將每件事情都做好，把最基礎的東西做牢靠，才能有好的發展。如果基礎都沒有打好，不考慮自身特點就盲目追求快速擴張，最終的結果可能就是「千里之堤，潰於蟻穴」。

秦池酒廠的前身是一九四〇年成立的山東臨朐縣酒廠，之前一直只是小型國有企業。二十世紀八〇年代至九〇年代初，秦池酒廠一直經營不善，連年虧損，處於倒閉的邊緣。

一九九二年，姬長孔臨危受命，接任秦池酒廠廠長。

一九九三年，姬長孔一方面抓好成品酒品質，另一方面親自北上，在瀋陽市場，通過一系列廣告、公關戰略，成功地樹立了秦池酒的知名度和市場形象。當年秦池酒成為瀋陽市場頭號熱銷酒，姬長孔大獲全勝，同時也對酒廠的未來增添了更多的信心。

　　一九九四年，姬長孔乘勝追擊，成功打開整個東北市場的局面，在東北三省，秦池酒的良好品牌形象給人們留下了深刻的印象，秦池再獲成功。

　　一九九五年，秦池向全大陸推廣成功經驗，先後進軍西北、中原、華南市場，大獲全勝，銷售業績連續三年翻倍。同年底秦池集團成立。

　　一九九五年，秦池的銷售業績可以說上了一個臺階，但是秦池發展的基礎仍是脆弱的，它依靠的只是暫時的廣告因素帶來的成功。與其他大廠相比，秦池酒一沒有全國範圍內的品牌美譽度，二沒有可以與老廠相比的品質，應該看到，秦池的成功只是暫時的成功，它的基礎還很不穩固。與此同時，雖然秦池成立了集團公司，但是工廠設備、造酒工藝並沒有發生實質性大的改變。

　　秦池選擇了一條充滿風險，同時又滿懷希望的道路：爭奪一九九六年中央電視臺廣告標王。

　　一九九五年，秦池酒產量九千六百噸，實際銷售九千一百四十噸，當年銷售收入一億八千萬元，淨利為三千萬。而據測算，一九九六年標王估價在六千萬元以上，也就是說，如果秦池最終中標，那麼一九九六年秦池必須保證年產銷量要達到兩萬噸，銷售收入必須突破三億六千萬元，否則等待秦池的將是巨額虧損。在這種重要決策關頭，姬長孔和秦池人沒有退縮，毅然走上了這條驚險的征途。

　　一九九五年十一月八日，秦池以六千六百六十六萬元的最高價擊敗眾多對手，勇奪一九九六年中央電視臺廣告標王。

　　成為中央電視臺廣告標王，為秦池帶來了巨大的影響和聲譽。經新聞界的一再炒作，秦池在全國一夜之間由無名小輩變成公眾明星，產品知名度、企業知名度大大提高，使秦池在白酒如

林的中國市場成為名牌。在此基礎上，全國各地商家紛紛找上門來，在很短的時間內建立起佈滿全國的銷售網路。在有利的條件下，秦池的價格、物流資金等都有了更大的迴旋空間，單產利潤也提高了，秦池迅速形成了遍佈全國的宏大格局。

秦池在一九九六年度廣告投入巨大，經營上的業績充分體現了標王的巨大宣傳作用。一九九六年秦池銷售額比一九九五年增長五倍以上，淨利增長六倍。秦池完成了從一個地方酒廠到一個全國知名企業的大轉變。

一九九六年，秦池取得了決定性的絕對成功，可是到了年底，秦池最突出的矛盾已不是市場開發能力的不足，而是秦池酒的生產能力的不足，即面臨著改進生產工藝，擴大生產規模，提高秦池酒內在品質的迫切問題。這時的秦池集團，本應在一九九七年標王爭奪中急流勇退，將經營管理的重點回轉，利用一九九六年的資金積累，真正在提高秦池酒的競爭力方面下工夫，要改進生產工藝、擴大或增加生產線、培訓熟練技術工人等，同時在中央電視臺保持適度廣告以維持市場。但是出於短期的經濟利潤思維，秦池進行了爭奪一九九七中央電視臺廣告標王的豪賭，自己把自己送上滅亡的道路。如果當時秦池的決策層和領導者有更敏銳的經濟頭腦，真正為秦池的長遠發展而深思熟慮，今日大陸的白酒業將多一個響亮的品牌。

一九九六年十一月八日，秦池集團以三億二千萬元的天價衛冕標王。與首奪標王的反應截然不同的是輿論界對秦池給出了更多的質疑，要消化掉三億多元的廣告費用，秦池必須在一九九七年完成十五億元的銷售額，產銷量必須在六萬五千噸以上。秦池準備如何消化巨額廣告成本？秦池到底有多大的生產能力？廣告費會不會轉嫁到消費者身上？消費者和理論界都充滿了疑問。

一九九七年初某報編發了三篇通訊，披露了秦池的實際生產

能力以及收購川酒進行勾兌的事實。這篇報導被廣為轉載，引起了輿論界與消費者的極大關注。由於秦池沒有採取及時的公關措施，過分依賴於廣告效應，因此在新聞媒體的一片批評聲中，消費者迅速表示出對秦池的不信任。秦池的市場形勢開始全面惡化。

一九九七年，儘管秦池的廣告仍舊鋪天蓋地，但銷售收入比上一年銳減了三億元，實現淨利下降了六千萬元。一九九八年四月，秦池酒廠的銷售額比一九九七年同期下降了五千萬元。一九九六年底和一九九七年初加大馬力生產的白酒積壓了二百車，一九九七年全年只賣出一半，全廠多條生產線停產，全年虧損已成定局。曾經輝煌一時的秦池模式成為轉瞬即逝的泡沫。

如果產品取得市場是靠宣傳，而非產品性能品質，如果企業所造就的「名」與它的「實」反差太大，如果企業沒有實實在在的行銷策略，沒有紮紮實實的內部管理機制，沒有務實苦幹的一個團隊，特別是沒有一個品質優良的好產品，企業想長盛不衰，無異於癡人說夢。

創業者在掘得第一桶金取得初步成功之後，自信心往往就會高度膨脹，所訂目標就會愈來愈高，常常不顧自己的實際情況，盲目求大求快，最終導致問題不斷，最終失敗。

針對二十世紀五、六〇年代經濟界和企業界出現的「成長熱」，「管理學之父」彼得‧杜拉克認為：「目前快速成長的公司，就是未來問題成堆的公司，很少有例外。」其實合理的成長目標應該是一個經濟成就目標，而不只是一個體積目標。他認為長期保持高速增長的企業極為脆弱，不是一種健康的現象，有著緊張、脆弱以及隱藏的種種問題，稍有風吹草動，就會釀成重大危機。

歷史的經驗與教訓，從來都不缺少。創業不能沒有激情，但

更需要學會內斂。與其在一味高速前進中遺留一大堆問題，不如在平穩發展中一步一個腳印。

所以創業者在進行創業的時候，務必要穩紮穩打，紮紮實實地走好每一步，這樣才能夠做大做強。切忌不會走，就急著跑，最後的結果只能是自掘墳墓。

淘金點評

李嘉誠就說過：「擴張中不忘謹慎，謹慎中不忘擴張……我講求的是在穩健與進取中取得平衡。船要行得快，但面對風浪一定要挺得住。」做企業，謀求的是發展，但是過快的、不切實際的發展，往往會導致失敗。很多企業並非敗在謀略或競爭上，而是輸於自己草率的計畫與實施。所以做企業，尤其是在創業階段，穩健比激進更重要，要「先站穩，再站高，最後才看遠」。

第一桶金的秘密

讓產品說話：品質致勝，行銷先行

　　好產品才是硬道理。企業的一切經營活動都是圍繞著產品進行的。創業者如果想順利地獲取屬於自己的第一桶金，那麼企業必須要有品質可靠、適應市場需求，並且贏得消費者信任的好產品。

　　有些人總認為只要廣告做得好，自然就能賺個盆溢缽滿。其實好的產品比廣告更重要。

　　廣告的作用是把產品告知給消費者。產品不好的時候，有可能靠廣告的作用也能增加銷量，但是廣告一停，銷量立刻會直線下滑，甚至再用廣告轟炸，也不能夠說服客戶購買。

　　而好的產品即使不打廣告，靠消費者的口碑，也大有市場。當然，如果廣而告之讓更多的客戶知道，銷量就會更為可觀。

　　換句話說，產品就像一家企業的生命線。創業者選擇的產品，如果品質良好，經營成功的希望就大，反之則失敗的可能性就大。

　　創業者一定要有好的產品，好產品是企業的生存之本。但好產品只有賣出去，才能為企業贏得利潤，才能為創業者快速積累第一桶金。這時產品的包裝以及廣告的市場覆蓋，則起著至關重要的作用。

　　世界啤酒市場一直是競爭十分激烈的一個領域，市場領導者的角色不斷地在更換。在這種拉鋸戰中，策略上稍有失誤，勝利就很容易落入他人之手，即使小小的差異，也會影響到企業未來

長期的利益。

百威啤酒是在美國以及世界上最暢銷、銷量最多的啤酒之一，長久以來被譽為「啤酒之王」。在二十世紀六〇年代激烈的啤酒市場競爭中，百威每次都居首位，目前仍居於啤酒業的霸主地位。

百威之所以成功，除了確實是美國首屈一指的高品質啤酒外，與其卓越的市場策略和廣告策略，也有著重要關係，我們從百威啤酒成功地進軍日本市場即可看出。

百威是一九八一年以後進入日本市場的，一九八二年在日本進口啤酒中就名列前茅，一九八二年銷量比前一年增加百分之五十，一九八四年就取得了銷售二百萬瓶的業績。

對企業來說，必須為自己的產品確立正確的目標。百威能取得成功，首先在於把握了日本年輕人市場的變化，確立了以年輕人為訴求對象的廣告策略。日本年輕人很有購買力，有更多時間去追求自己喜愛的事物，新奇而又昂貴的產品很能吸引他們。他們有自己的文字、表達方式和獨特的語言，往往是市場輿論的製造者和領袖，如果要想用廣告來打動他們，必須認識他們、瞭解他們，只有這樣才能推出有效的廣告打動年輕人的心，這是百威啤酒在日本行銷成功的背景。

百威的主要廣告對象，先是設定在二十五～三十五歲的男性，他們的生活形態是：平常都喝啤酒以外的烈酒，對運動與時裝非常有興趣，喜愛多姿多彩的休閒活動。這個對象的設定與百威啤酒原本就具有的「年輕人的」和「酒味清淡」的形象十分吻合。

設定了目標後，百威就把重點放在雜誌廣告上，專攻年輕人市場，並推出特別精印的激情海報加以配合。廣告的訴求重心則是極力強化品牌的知名度，以突出美國最佳啤酒的高品質形象。

在行銷的第一、二個階段裡，傳播概念都建立在「全世界最有名的高品質啤酒」上，視覺重點強調標籤和包裝。

百威廣告在表現上運用了扣人心弦的創意策略，即將百威啤酒融於美洲或美國的氣氛中，如遼闊的大地、沸騰的海洋或寬廣的荒漠，使觀眾面對奇特的視覺效果，產生一種震撼感，給人留下深刻的印象。這種策略在第一個階段就被運用得非常有技巧了。在第二個階段，創意方向則針對美國風味加以渲染，轉成強大而新鮮的感覺，以勾起目標對象心裡的渴望。

在第一階段裡，廣告主題是「第一的啤酒，百威」，動人的標題是「我們愛第一」。到了第二階段，主要的主題改為「百威是全世界最大、最有名的美國啤酒」。廣告標題則變成「這是最出名的百威」，並將標題印在啤酒罐上，只要拿起罐子就可看到。

在媒體選擇上逐年加以擴展，從雜誌擴展到海報、報紙、促銷活動，到一九八四年開始運用電視媒體。為配合大眾媒體的廣告宣傳，針對年輕人市場，成功地舉行了許多活動，如舉辦第三屆新港爵士音樂節、邀請百威棒球隊到日本訪問等，這些活動都吸引了大批的年輕人，擴大了產品的影響力。

百威推出的多種不同廣告，都博得了消費者的好感，尤其是海報更受人們的青睞，成為收集品，其中一張給人以夏威夷風光印象的海報，一九八四年在紐約廣告競賽中獲獎。一位客戶在來信中說：「我們很高興博服堂（百威在日本的廣告代理公司）的夏威夷海報，贏得人人仰慕的克萊歐獎。這是享譽很高的廣告獎，只有美國或國際性的最佳創意作品，才能獲此殊榮。恭賀全體創意群，當然不只是為了這張夏威夷海報，而是為了百威後續的雜誌及海報廣告。不管是世界上任何角落，這必然是最精彩的廣告活動。對此殊榮，我們再次由衷地恭喜您。」

　　為了確保廣告效果，百威授權給有責任感的日籍員工來判斷廣告的影響力，並同意用日本的方式，選擇最具有強烈訴求的語言進行表現，因而更有的放矢達到目標。

　　大標題：我們愛第一——百威啤酒。

　　副標題：第一啤酒在此。

　　廣告文：美式生活就是用百威啤酒潤喉，請看這個設計，多麼富有星條風味，當您手握此罐，您必然會感受到您已將美國緊握手中，當您拉開拉環，纖細泡沫一湧而出，新嘗時滋味美妙，最後時滴滴暢懷。是的，這就是美國味，美國的偉大，我誠實的咽喉深深點頭，如此完美足堪第一，何不暢飲最大牌的百威。

　　有些創業者總認為那些品質好、性能優、功能多而全的產品才是好產品，才會受到消費者的喜愛，因此就努力致力於提供優質的產品並且經常加以改進。這種想法應該說沒有問題，這是對一個創業者成功最基本的要求。

　　一八九九年，聯合利華公司研製了一種新型的優質香皂，在產品進入市場的初期是失敗的，原因是名字的問題。香皂最早的名字為「猴牌」，這個名字有不潔的含義，使大眾產生了反感的情緒。後來經過反覆討論，決定採用 LUX（力士）作為香皂名稱。由於 LUX 這個名字簡單、易讀、易認、易記，結果改名字後，香皂的銷量大增，並很快進入國際市場，風靡世界，獲得了巨大的效益。

　　這是一個典型例子。同一種產品使用不同的名字，在市場上的表現卻有天壤之別，行銷定位的重要性由此可見。隨著時代的發展，好的產品僅僅品質好、性能優、功能多，還遠遠不夠，還要滿足消費者更多的需求，才能夠成為好產品，才能有好的市場。畢竟好產品來自於消費者的認知，消費者認為是好產品它就

成了好產品，而不是商家自己說它是好產品，它就是消費者心目中的好產品。

　　無論做什麼產品或提供什麼服務，總要找到自己的特點，找到自己產品或服務在客戶心中的位置，只有這樣才能立足，才能找到自己的訴求點，才能事半功倍。

習慣建造素質，素質助力成功

　　作為一個開拓者，必須具有優良的道德品質、堅忍不拔的精神、堅定不移的信念、必勝的信心、巨大的魄力、充沛的精力、豐富的經驗、淵博的知識、優異的才能等素質，並專注於追求卓越，勇於創新與冒險。

　　一個創業階段的企業，要想在開放的市場上求生存、求發展，其領導者必須要有長遠的戰略眼光，可以看出一般人沒注意到的趨勢和機會。作為領導者，必須喜歡迎接挑戰，即使處處碰壁，歷經生命的低潮，仍然雙眼發亮，堅定地相信成功就在前面不遠的轉彎處。

　　創業者要具備艱苦奮鬥的精神，在創業期間難免會因資金、經驗、人事等阻礙而令事業暫時性停滯，站在這個邊緣上的創業者，千萬不可半途而廢，一定要堅持下去，要相信，成功屬於能夠堅持到最後的少數人。

　　創業本身就是有計劃地創新、冒險，只有敢闖敢幹、不怕失敗的人，才有可能走出一條屬於自己的成功之路。

　　總的來說，創業者需要具備以下特徵和素質：

❶ 旺盛的鬥志，強烈的求知慾和好奇心；

❷ 敏銳的洞察力，可以覺察到別人未注意到的情況和細節；

❸ 善於變通、思想靈活，能根據有限的資訊舉一反三，能制訂出見解獨到的可行方案；

❹ 善於提問、不盲從；

❺ 有獨出心裁的見解，勇於創新；

❻ 相信自己所做事情的價值，即使受到阻撓和誹謗，也不輕易改變；

❼ 有百折不撓、堅持不懈的毅力和意志；

❽ 有想像力，能以合理的聯想、幻想，構思出新的觀點；

❾ 思維嚴謹，既善於抓住剎那間的靈感，又能深思熟慮；

❿ 開朗、胸懷寬廣，不因外界的冷嘲熱諷影響自己的鬥志；

⓫ 有韌勁、有勇氣，可以忍受常人無法忍受的挫折和困難；

⓬ 有遠大的理想。

這些創業者所必備的素質，都是個人在長時間的日常生活和工作中積累起來的，時刻嚴格要求自我，慢慢養成這些素質，並將它們轉化為一種習慣，這種習慣對創業將會起到積極的作用。

黃敏傑在服裝廠當了三年的學徒工，這三年中黃敏傑覺得自己變化最大的，就是把原來不好的生活習慣都給改掉了，他現在只要一走進工廠，大腦裡首先想到的就是自己的工作臺必須要乾淨整潔；進出工廠一定得換軟底拖鞋；在工作的時候一定得全神貫注，即使是一個扣眼、一個線頭，也要按照要求規範完成。

因為黃敏傑當學徒時，遇到的是服裝廠裡最嚴厲也是技術最好的師傅，師傅對黃敏傑說得最多的一句話就是：你有可能以後有更大的作為，不用再像師傅這樣天天在工廠裡量體裁衣，但你要記住，有一個好的習慣，會讓人覺得你有涵養。

黃敏傑後來還真的像師傅所預見的那樣，有了更大的作為，他先是在香港有了自己的服裝企業，後來又擁有了自己的服裝品牌。只可惜一直做得不是很順，磕磕碰碰，前進一步又倒退兩

步。最後，香港的服裝公司成了別人的公司，黃敏傑又重新成了一名打工仔，唯一沒變的就是他養成的這些習慣。無論到哪一家服裝廠工作，他都因為擁有這些好習慣，而很快就脫穎而出，成為企業的管理人員。

又一次機緣巧合，黃敏傑工作的服裝廠由於股東之間的矛盾決定轉讓，所有和黃敏傑認識的同事都希望黃敏傑能夠接下這家工廠。黃敏傑想了想決定一搏，他把自己在香港唯一的一處房產賣了一百八十萬元，接下了這家工廠。

工廠接下來了，黃敏傑做的第一件事就是在工廠推行自己當學徒工時的工作習慣。可是工廠的狀況卻並沒有因為黃敏傑推行了好習慣而有什麼大的變化，來料加工還是時斷時續。黃敏傑每天絞盡腦汁思考的就是怎麼樣擴大業務量，可是卻一直找不到突破點。

正當黃敏傑為業務量得不到突破而發愁的時候，他接到東南亞名聲顯赫的馬天奴時裝公司的老闆吳穗平的電話，說要到他的服裝廠考察。吳穗平是東南亞服裝業的大鱷，許多服裝企業都希望和他拉上關係，成為他的來料加工廠。可是吳穗平卻隔兩個月就換一次加工企業，因為他說馬天奴是國際知名品牌，他需要那些真正有實力的服裝加工企業，而不是那些拿到訂單就開始應付的企業。

吳穗平來到黃敏傑的辦公室坐了沒有十分鐘，就站起來對黃敏傑說：「黃總，我們到你的工廠去看看？」說完這句話，吳穗平就直接往工廠裡走，看著吳穗平腳上擦得光亮的皮鞋，黃敏傑感覺十分為難，按照規定必須要換軟底拖鞋才能進工廠。正當吳穗平的腳要邁進工廠時，實在忍不住的黃敏傑還是攔在吳穗平的前面，指著他腳上的皮鞋說：「吳總，十分抱歉，我們廠規定所有進工廠的人員都必須換軟底拖鞋。」吳穗平沒有生氣，只是說

了一個字：「好！」就低下頭去換拖鞋。

走在工廠裡，吳穗平沒有跟黃敏傑說一句話，只是一個人一邊走一邊不時停下來看工人手上的服裝。當走到包裝組的時候，他突然咳嗽起來，並且往地上吐了一口咳嗽出來的痰。就在他轉身的時候，他發現身邊的一名女工迅速掏出一塊紙巾將痰擦得乾乾淨淨，然後十分自然地把紙丟進了自己工作臺底下的垃圾簍。

吳穗平沒有再停留，他走出工廠對黃敏傑說：「對不起，黃總，我還有點事先走了。」面對遠去的吳穗平，黃敏傑以為一次好機會就這樣從自己手裡溜走了。誰知道第二天，吳穗平卻熱情地邀請黃敏傑到他那裡做客，在酒席上吳穗平對黃敏傑說：「黃總，通過對你的工廠的實地考察，我決定把『馬天奴』國際品牌服裝交給你的工廠來加工，但你必須同意我派一個品質檢查小組進駐你的企業。」黃敏傑愉快地答應了。

開始的一段日子裡，吳穗平還是不敢多發貨給黃敏傑的工廠加工，因為他擔心黃敏傑的服裝廠，生產出品質不合格的產品。慢慢地吳穗平發現黃敏傑對服裝的品質要求，勝過自己派去的品質小組對品質的要求，並且生產出來的服裝比與自己合作過的任何一家企業加工的服裝都更有品質保證。於是吳穗平決定撤回品質檢查小姐，並決定注資與黃敏傑一起組建馬天奴時裝集團。

後來，黃敏傑成為馬天奴時裝集團的總裁，並且駕馭著馬天奴這艘巨大的時裝航母，劈波斬浪一路高歌前行。每每回首往事，黃敏傑都說這一切都得益於當學徒時養成的良好習慣，否則自己根本沒有機會在服裝企業競爭的時候脫穎而出。

原來一個良好的生活習慣，也能夠促使人的成功，所以說保持良好的生活習慣非常重要。

一個人每天的行為中，大約有百分之五是屬於非習慣性的，而剩下的百分之九十五都是習慣性的行為。心理學家威廉・詹姆

士說：「播下一個行動，收穫一種習慣；播下一種習慣，收穫一種性格；播下一種性格，收穫一種命運。」

　　每一個人都有自己的習慣，但我們常常忽視習慣的存在，更無視習慣對自己的影響。但是如果你是一位創業者，就千萬不要輕視習慣對自己的影響，良好的習慣往往會成為成功的助力，醜陋的壞習慣則可能成為成功的絆腳石，所以切記，好的習慣成就高素質，高素質是創業成功的關鍵。

淘金點評

　　成功創業者通常具備五大特質：挑戰性、指導性、柔軟性、行動性和持續性等。一個成功的創業家，往往個性認真嚴謹，行動積極樂觀，做事輕鬆活潑，善於領導。一個人創業所必需的這些優良素質，大多是在日常工作中對自己嚴格要求而逐步形成的。

Chapter 02

敢想敢做，
勇敢邁出第一步

王石：膽識兼具方能掘得第一桶金

　　在創業的路上，冒險不是賭博。冒險是經過深思熟慮之後的成熟行動，賭博則是頭腦發熱、癡心妄想的衝動。無限風光在險峰，創業與冒險有著必然的聯繫。只有敢冒險，具備冒險家素質和能力的人，才能在冒險中尋得生機，獲取成功。

　　當有人問誰是大陸最愛冒險運動的企業家的時候，一定會有人說到王石。王石五十多歲還去登珠穆朗瑪峰，並且成功了，成為大陸企業家中登頂世界最高峰的第一人。王石還喜歡飛傘、滑雪、航海，只要是刺激、好玩的項目，他都喜歡。

　　而王石最大的冒險是在一九八三年他剛做玉米生意的時候。通過做玉米生意，王石第一次在深圳嘗到生意成功的喜悅，可高興沒多少天，香港的一家報紙就報導說香港有關部門從雞飼料中發現了致癌的物質，希望民眾在食用雞肉的時候要特別小心。這條報導一出來，就不斷地在香港的其他媒體上轉載，於是所有的香港人都開始不吃雞肉，改吃鴿肉了。

　　這樣雞銷不出去，自然雞飼料也就不好賣，這就像一條完整的食物鏈，突然一環斷了，後面的那些環自然也就散了。這個時候的王石還不知道深圳的玉米已經無人問津了，他還在火車上做著數鈔票的美夢，直到回到深圳，才明白一直暢銷的玉米成了滯銷貨，飼料廠根本就不進玉米了。王石求爺爺告奶奶，才終於銷出了這幾千噸玉米，這幾千噸玉米不但把王石前幾次賺的四十萬元搭了進去，還讓他欠下了七十萬元的債務。

　　七十萬元的債務，就像一顆巨石堵在王石的心口上，王石在

床上整整躺了幾天幾夜，身邊還放著這張快要害死自己的報紙，只要一拿起報紙，王石就有一種想撕碎這張報紙的念頭，可每當要動手撕的時候，王石又賭氣一樣地問自己：「王石，你真的就這麼容易被這麼一條短短的消息打敗了嗎？」每問自己一次，王石就否定一次，在否定的同時，王石也越來越覺得寫這條報導的記者在扯淡，玉米裡面怎麼忽然有了致癌物質？一想到玉米裡面絕對沒有致癌物質，王石就再也躺不住了，他從床上一躍而起，打點行裝還要去北方買玉米。

那些和王石一樣做玉米生意的商人，一聽說王石還要去北方買玉米，都說王石是不是賠錢賠出精神病來了，這個時候去北方買玉米到深圳，那還不是越賠越多。就連給王石一直供貨的飼料廠的朋友，也勸王石別冒險了，雞都銷不出，玉米還能銷出去？可是王石誰的話都不聽，他只相信自己，他安慰自己說：「我就不相信，香港人永遠不吃雞了，要吃雞就要雞飼料，要雞飼料就得要我的玉米。」

王石來到大連，大連的糧油公司一見王石就像見了親人一樣，這個時候大連糧油公司的經理也正為銷不出玉米發愁，王石一口氣把大連糧油公司所有庫存玉米都訂購了，緊接著王石又來到天津、青島，把這些地方的玉米庫存都給訂購了。

首批七千噸玉米從北方裝船起運。看著這七千噸玉米，王石的心裡也是非常忐忑，他知道運到深圳的時候，香港人如果還沒有開始吃雞，那麼自己真的就只能跳海了。當裝載著七千噸玉米的貨船，還有兩天就要停靠在蛇口赤灣碼頭時，香港的那家報紙登出一封致歉信，對錯誤地報導雞飼料中存在致癌物質進行道歉。

拿著這張登著新消息的報紙，王石心中的愁雲散開了，這個時候只有王石手裡有玉米，所有深圳的飼料廠只能向王石訂貨，

就是這一遭生意，王石足足賺了三百多萬元，後來他正是憑著這三百多萬元的啟動資金，成立了萬科，才有了今天的成功。

後來人們在談到王石的這場戰役的時候，都認為王石非常大膽，這樣的險也敢冒。王石自己也說：「想想其實也是很害怕的，如果香港的報紙再遲一個月登出致歉信，那麼我就只能是全軍覆沒，選擇自殺了。然而憑著自己的直覺和常識：我認為這樣的險還是值得冒的。」

創業者和創新家都善於在「鋌而走險」中，捕捉普通人絕不可能發現的機會。這是一種與生俱來的敏銳和深謀遠慮。心理學家曾進行的一項心理研究表明，卓有成就的創業者往往都是「嗜好刺激的人，他們具有賭徒的血統，失敗和害怕不能像嚇到其他類型的人那樣嚇到創業者」。

創業僅僅憑智慧是遠遠不夠的。在創業者追求成功的道路上，第一個要素就是要有敢想敢做的膽量。這個世界就是這樣，要有夢想，還要有膽量，以及毫不妥協的信念和實現夢想的決心和行動，也只有這樣的「偏執狂」才能贏，才能生存。不敢想、不敢做，便沒有創業的成功，也就享受不到創業成功帶來的快感。

張朝陽：依託風險投資，瞄準商機創搜狐

　　在互聯網進入大陸的初期，很少有人敢於涉足這樣一個陌生的行業，而張朝陽憑著自己對美國互聯網的判斷，加上敢打敢拼的精神，果斷搶佔大陸互聯網市場，創立搜狐，使大陸真正進入了互聯網時代。

　　一九九五年十一月一日，張朝陽從美國麻省理工學院回大陸。次年八月，依靠風險投資創辦了搜狐的前身「愛特信資訊技術有限公司」。一九九八年二月，愛特信推出搜狐，大陸首家大型分類查詢搜尋引擎橫空出世，搜狐品牌由此誕生。「出門靠地圖，上網找搜狐」，搜狐由此打開了大陸網民通往互聯網世界的神奇大門。

　　在張朝陽的成長經歷中，一九八六年是一個分水嶺，他考上李政道獎學金，赴美國麻省理工學院學習。張朝陽從小就不安分，愛幻想，不甘落後，對很多東西感興趣。他學過畫畫，做過飛機航模、拉過二胡，尤其喜歡看《水滸》。他喜歡看那些自學成材的故事，讀《哥德巴赫猜想》，並暗立志向：要好好念書，將來出人頭地。中學時代，他的理想是當物理學家，認為只有獲得諾貝爾獎，才能成就一番大事業。這是他考取清華大學的直接動力，也是他考取李政道獎學金的直接動力。

　　從西安到北京，從北京到美國，故鄉漸行漸遠，理想漸行漸近。人生的轉折和變化成為一種標誌。而今天的張朝陽，就是理想變化的結果。一九九三年，在麻省理工學院念了幾個月的物理學博士之後，張朝陽突然感到學了很多年的物理學並不太適合自

己。「在物理實驗中，我發現，我是個操作型的人，特別注重結果，不能容忍搞一套理論，而這套理論要在一百年之後才能得到驗證。」與此同時，張朝陽看中了和大陸有關的商務活動，他很幸運地在麻省理工學院謀得了亞太區（中國）聯絡官的角色，這個角色讓張朝陽有機會頻頻回國。

一九九五年七月，張朝陽突然有了回國創業的強烈念頭，美國隨處可見的「矽谷」式創業，更是激起了他的熱情。他清楚地認識到互聯網經濟極為驚人的商業和社會價值，於是下定了創業的決心。當他看到 Internet 的機遇時，感覺到應該是創業的時候了。張朝陽聯繫到了 ISI 公司，想做中國線上，用 Internet 搜集和發佈中國經濟資訊，為在美國的中國人或者對中國感興趣的人服務。ISI 總裁當時和張朝陽的想法相近，兩人一拍即合，於是一九九五年底張朝陽以 ISI 公司駐中國首席代表的身份，開始用 Internet 在中國收集和發佈經濟資訊，為華爾街服務。

在 ISI 的經歷，使張朝陽覺得中國 Internet 的市場潛力巨大。一九九七年一月初，ITC 網站正式開通，可是到了年底，第一次融資得來的十八萬美元所剩無幾，快到了連工資都發不出來的地步。迫不得已，張朝陽向他的投資人發出了緊急求救，三位投資者再次為張朝陽提供了十萬美元的「橋式」貸款。

一九九八年二月，張朝陽正式推出了第一家全中文的網上搜尋引擎——搜狐。一九九八年三月，張朝陽獲得 Internet 等兩家公司二百一十萬美元的投資，他的事業開始蒸蒸日上，一九九八年九月，搜狐上海分公司成立；一九九九年六月組建搜狐廣州分公司；二○○○年七月在美國納斯達克成功上市，併購了大陸最大的年輕人社區網站 Chinaren，網路社區的規模性發展，給入口網站加入了新的內涵，使之成為大陸最大的入口網站，奠定了業務迅速走上規模化的基礎。

一九九九年，搜狐推出新聞及內容頻道，奠定了綜合入口網站的雛形，開啟了大陸互聯網門戶時代。

張朝陽不失時機地進行了一連串大手筆的動作，讓搜狐出現在更多的地方。他及時判斷出簡訊對互聯網的巨大利益，並且嘗試著把它作為一個能與互聯網緊密結合的產業來運作。二〇〇一年耗資百萬成就「搜狐手機時尚之旅」，張朝陽親自出現在首席形象代言人的位置上，這在風風雨雨的互聯網世界，確實收到了空前的效果，樹立了搜狐人的信心。二〇〇三年春夏之交，搜狐再次給網路界帶來一次驚喜：搜狐登山隊攀登珠穆朗瑪峰。在互聯網正全面復甦的時候，在「SARS」肆虐人類的時候，他想證明搜狐的勇氣，並宣告搜狐的理想。

二〇〇二年七月十七日，搜狐率先打破大陸互聯網的僵局，實現盈利。這真正算是張朝陽開始賺取的第一桶金，也預示著搜狐在大陸互聯網領域處於領先地位，並將不斷發展壯大。

現在搜狐已經初步實現了從創立伊始，搜狐確立的「讓網路成為大陸人民生活中不可缺少的一部分」的理想。搜狐公司目前已經成為大陸領先的新媒體、電子商務、通信及移動增值服務公司，是中文世界強勁的互聯網品牌，對互聯網在大陸的傳播及商業實踐作出了傑出的貢獻。

淘金點評

在創業的征途中，一個人的知識、經驗、能力、資本只是必備的一部分，並不是最重要的，敢想敢做才是創業的前提，只有擁有超人的膽略，才能在創業路上乘風破浪。面對苦難和挑戰時，膽略是必不可少的，畏首畏尾，猶豫不決，只會讓自己更快地被市場所淘汰。

王傳福：挑戰無極限，比亞迪的超越之路

　　每一位企業領導者都有過不凡的業績，於是大多數領導者會憑藉從前成功的經驗，尤其是輝煌時期的模式來運作企業；而當環境發生變化時，他們會本能地堅持老路，不願承認周圍事實的變化。事實上，事物變化永遠都不會停止，就在領導者忽視變化的時候，或許已經失去了應對轉折的機遇。

　　因此在企業決策中，必須正視環境，適應環境，具體問題具體分析，才能立於不敗之地。因為競爭靠的是實力，最關鍵、最本質的實力是創新能力，正所謂「物競天擇，適者生存」。

　　一九九○年，王傳福從北京有色金屬研究院碩士畢業，並被留在該院工作。此後的五年時間裡，他按部就班、安分守己地工作著，職位也連年提升：副主任、主任、高級工程師、副教授，到後來帶上了一批研究生。

　　然而有一天，王傳福忽然發現自己整天研究的電池，正面臨著巨大的投資機會。雖然一部「大哥大」要花兩、三萬元才能買到，但購買者趨之若鶩，市場潛力由此可見一斑。由手提電話，王傳福想到了充電電池。隨著手提電話的普及，市場對充電電池的需求必然會與日俱增。在他看來，電池技術根本就不是什麼問題，只要能夠上規模，就能做出大事業。

　　一九九五年二月，王傳福從表哥手中借來二百五十萬元，毅然下海經商，在深圳註冊了比亞迪實業，開始做手機電池。

　　與大陸很多企業盲目追求現代化，不惜鉅資引進國際先進水準的生產線相比，王傳福從頭到尾都是自主開發研製產品。不僅

如此，王傳福在工藝、原料和品質控制、降低成本等方面都煞費苦心。

為了降低成本，王傳福甚至直接介入供應商的材料開發環節，利用比亞迪強大的科研能力，共同制訂解決方案，如鎳鎘電池需用大量的負極製造材料鈷，如果直接從國外進口，成本極高。比亞迪與深圳某公司合作，經過一番技術攻關，終於製造出具有國際品質的國產鈷，而成本比國外產品低百分之四十。由於負極材料應用極廣，所以僅此一項，比亞迪一年就可以節省數千萬元的成本支出。

一九九五年下半年，王傳福主動找到臺灣最大無線電話製造商大霸，將自己的產品送給其試用。果然，比亞迪產品卓越的品質和低廉的價格，引起了大霸濃厚的興趣。當年底，大霸毫不猶豫地將給三洋的訂單給了王傳福。

不到兩年時間，比亞迪就從一個名不見經傳的小角色，成長為一個年銷售額近一億元的中型企業。緊接著，一場突如其來的金融風暴席捲東南亞，全球電池產品價格暴跌百分之二十至四十，日系廠商處於虧損邊緣，而這時比亞迪的低成本優勢卻越發顯現出來。

飛利浦、松下、新力甚至通用這樣的國際巨頭開始把目光轉向了比亞迪，一個接一個的大額採購訂單雪片般飄來。只用了三年時間，王傳福就猶如神助般地在鎳鎘電池市場搶佔了全球近百分之四十的市場佔有率，由此成為世界鎳鎘電池當之無愧的龍頭老大。

接著，王傳福又抓住了第二次機會，開始研發蓄電池市場具有核心技術的產品——鎳氫電池和鋰電池。他投入大量資金，一邊購買最先進的設備，一邊籠絡最前沿的人才，並建立了中央研發部。當時鋰離子電池是日本人的天下，大陸同行不相信比亞迪

能做成，很多人都嘲笑王傳福白日做夢，但他並不以為然。

作為回應，王傳福專門成立了比亞迪鋰離子電池公司。而在今天，他用鐵的事實向那些人證明，自己的決定是正確的。

今天的比亞迪，穩居全球第一大充電電池生產商地位。手機領域的客戶既包括摩托羅拉、易立信、飛利浦等國際通信業巨頭，也有波導、TCL、康佳等大陸手機新軍，而無線電話使用者，其中包括偉易達、松下、新力等行業領導者。

二〇〇三年一月，比亞迪收購秦川汽車的消息一經宣佈，比亞迪的股價就應聲下跌，而且連跌三天，由十八港元跌至十二港元。

市場的擔心不無道理。當此之時，大陸汽車行業的滔天巨浪，已經湮沒了無數的知名企業。外行造車，必遭敗績，這似乎已經成為大陸汽車市場的一個魔咒。而從比亞迪自身而言，從門檻較低的電池領域跳到門檻較高的汽車領域，這種逆勢擴展，本身就存在著巨大的風險。

然而比亞迪從二〇〇三年進入汽車行業，到現在已初步崛起。作為一個全無汽車生產經驗的企業，比亞迪不僅在殺機四伏的汽車市場站穩腳跟，並一舉成為繼奇瑞、吉利之外的大陸民營汽車後起之秀。

有位成功的企業家在與別人分享自己的成功心得時說過這樣一句話：「站在正確的位置，選擇正確的時機，做正確的事。」

一個人乃至一個企業要做得成功，首先必須根據當前的形勢和自己的實力來調整自己的姿態，然後選擇合適的時機，去做恰當的事情。

比亞迪就是按照這樣的路子走向成功的一個典範。

商場弄潮，切忌故步自封、趨於定式。認準一個理做下去，雖然有時自我感覺良好，但步履會越來越沉重，因為以不變應萬

變的思維定式會束縛自己的手腳。受習慣勢力的左右，缺少創新精神的企業，終究難免淘汰出局。毋庸置疑，創新是企業長盛不衰的根本。

　　你能看多遠，你的事業就會有多大。創業者就是要跳出舊模式，不破不立，打倒自我，推陳出新，否定之後再否定，不斷地把企業放在新模式的風口浪尖上，然後立即把眼光投向下個目標。

　　創業是一項大膽、冒險的事業。但也正是在充滿激情、大膽、冒險的事業開拓中，企業家的精神得以孕育，從而創造出新的更適合市場前景的規則。一個真正的企業家是產品和商業模式的創造者和革新者，他是天然的領導者，有能力預測市場變化和市場風險，能夠抓住機會，勇於冒險，使目標變為現實；他不滿足於現狀，不斷尋求突破和超越，推動企業持續成長。

沈南鵬：抓住市場營利點，大顯身手

　　「所謂創新企業不見得在產品上有一個革命性的、突破性的技術，往往更成功的企業，是讓技術能夠在市場上得到更好的應用。」這是紅杉資本中國基金創始人沈南鵬對「創新」做的「創新式」的解讀。

　　上世紀末，隨著改革開放的深入，大陸旅遊業越做越大，而且結算和物流比較容易，這在大陸非常有意義。在美當時電子商務的第一大贏家是股票，第二大贏家是旅遊。美國當時旅遊網公司上市的有七、八家，不難想像，大陸以後有二、三家旅遊網上市是極有可能的。沈南鵬正是看準了大陸旅遊行業的電子商務能夠營利，他果斷推出攜程網，填補了大陸旅遊電子商務的空白，為自己找到了營利點。

　　沈南鵬一九八九年來到美國，本來是學數學的，但覺得自己不適合研究性的行業，便去報考了耶魯大學的 MBA，因為學 MBA 和數學有點關係，還可以把以前的知識用起來。在二十世紀八〇年代初至九〇年代末的時候，中國人念商學院的很少，而且當時念 MBA 不像現在很多大學都有專門研究互聯網市場、網路經濟的課程。通常 MBA 畢業以後，只有兩種選擇，第一是投資銀行，第二是諮詢公司。

　　現在 MBA 很熱，我們很難想像當年耶魯的 MBA 找工作會有多困難。事實上，是 MBA 畢業的中國人找工作很困難，因為美國人認為讓中國人在美國做投資，幾乎沒有任何優勢。與美國人同時競爭同一份工作時，是看學習成績嗎？說實在的，成績都

差不多。關鍵是看對商務的理解。沈南鵬說：當年我進商學院時，從來沒有讀過《華爾街日報》，這對一般的美國人來說是不可想像的。美國人從小就在資本市場裡長大，可能十五、六歲就炒過股票，二十歲就自己開過公司。而大陸留學生大多是從小學念到大學，畢業又來到美國念書。如果說有什麼商務經驗，最多也就是在大學時搞個酒吧，僅此而已，幾乎沒有任何市場經驗，所以要說服美國人聘用你真的很費力。

最後也許因為沈南鵬的數學背景，抑或是因為畢業於著名學校，抑或是運氣好，最後沈南鵬在同學中算最幸運的，進了花旗銀行。與幾個同學相比，這可能算是最好的一份工作。

到了一九九四年時，情況大變，中國熱開始了，大量的投資銀行進入中國，幫中國企業在海外上市、融資。以前是中國人在美國找工作很困難，這時變成所有的人都來找中國人才。人們講中國強大了，海外的遊子也會直起腰來，這話沈南鵬深有感觸。在上海長大、耶魯 MBA 畢業，又有投資銀行兩、三年工作經驗，此時的沈南鵬變成了無價之寶。一九九四年，很多留學生回大陸，沈南鵬是其中之一，此時他以香港作為基點，代表美國第三大證券公司雷曼兄弟公司負責在中國的項目。

大批留學生的回國，就像大批留學生出國一樣，很多人出國時都抱著一個幻想，美國遍地是金子。同樣，此時的回國，也一樣因為美國人知道中國到處都是金子。

一九九六年沈南鵬被挖到了德意志銀行，他進入了得心應手的階段，負責整個大陸的資本市場。不到一年，德意志銀行作為牽頭銀行為大陸在歐洲發行五億馬克的債券，發行完以後，在法蘭克福有一個酒會，宣佈在大陸五億馬克債券發行完成，沈南鵬說當時的自豪感在胸膛澎湃，有點像奧運會上拿了金牌的運動員站在領獎臺上的心情。還有一件事沈南鵬很引以為驕傲，因為他

個人的價值得到了充分的體現。

做投資銀行是個很刺激的工作，沈南鵬說從畢業以後到一九九八年年底離開整個銀行界，沒有一天是七點以前回家的。這個工作是非常有挑戰性的，無論市場怎樣，總要想方設法為顧客創造價值，而且市場的機會是瞬息萬變的，比如一個項目在兩個月以內必須做成，做不成，以後就不會再有這樣的機會了，有時甚至是今天晚上必須做成，做不成這個機會就會溜走了。可以想像這樣的工作強度有多大，對人的要求極高，既要一絲不苟，又要快速、準確。

投資銀行很刺激，但有一個致命的問題，永遠是中間商，不是實業的主體。高速增長的經濟是以每年二倍到三倍的速度增長的，而投資銀行做成一筆生意，只能從中提取百分之二到三的費用，要想真正發展自己，就要做經濟的實體。

一九九八年年底，沈南鵬用自己的資金投資了一家反駭客軟體公司，當時互聯網還不像今天這麼熱，但由於沈南鵬做投資銀行的接觸面較廣，而且在加州有很多大學同學，所以每次去都被灌輸互聯網的思想，看到美國互聯網發展如此火爆，沈南鵬決定投資互聯網。

選擇切入點非常重要，沈南鵬發現，目前大陸旅遊業中間人太多，旅行社不是旅遊產品最終生產商，航空公司和酒店才是旅遊產品最終生產商。消除非有效性是整個互聯網經濟的核心，旅遊業的電子商務，恰恰能夠消除旅遊業的非有效性。

綜合考慮，沈南鵬覺得電子商務在大陸有機會。一九九九年五月攜程網建立了。在創建了相當長的一段時間內，是由首席執行官安吉來負責運營，沈南鵬只是在董事會的角度把握宏觀的框架。

沈南鵬越來越感覺互聯網公司的高速增長，需要自己傾心傾

力，公司除了需要有人日常管理，還需要宏觀的策略、政府關係、媒體關係，這些都是他的優勢，所以一九九九年年底沈南鵬正式離開了投資界，專心攜程網的工作。

進入互聯網界時，沈南鵬已經三十二歲了。三十二歲對投資界來說還是一個允許犯錯誤的年齡，但在互聯網領域內，當沈南鵬看到穿著時尚、不拘小節的年輕人，更明確地意識到，自己徹底離開投資銀行、自創公司是一個不允許有一絲一毫差池的選擇。

儘管在做投資人的時候，沈南鵬看了很多商業計畫書，但他並不認為計畫書是爭取融資的最重要環節：「一兩個月以後，能不能按照以前的時間表完成商業計畫書裡的東西，不是一件容易的事。」

攜程網融資過程中的一個插曲是，直到即將敲定投資的最後一個星期，其中一家風險投資的負責人，還是沒有時間仔細閱讀攜程網的商業計畫書，當沈南鵬向他徵詢意見時，他要走了攜程網從五月到九月的財務報表。第二天早上，攜程網收到了這位投資人追加投資的決定——「所以最漂亮的計畫書沒有用，關鍵是把計畫書變成賺來的錢。」

有人說攜程網網站版面設計太簡單了，沒錯，因為攜程網關鍵是讓顧客訂票、訂房，實現簡單的自助旅遊。實現電子商務是攜程網的核心，使營業額快速增長，沈南鵬的期望就是這樣實際。

現階段大陸的互聯網確實被炒得太熱，也許沒有特別紮實的商業模式的公司也會取得融資，但作為經營者和投資者，要想清楚自己的經營模式能否成功，不是今天有多少投資者投了多少錢，而是最終你的公司能否營利，而且公司能否營利不是上市就能解決的，上市不是結果，而是剛剛開始。

　　創業者只有將創造性的、革命性的技術，與本土市場更好地結合起來，才能成立更好的應用公司。這些公司既可能會在消費等傳統行業內出現，也可能在互聯網等新興行業出現。關鍵在於要在技術和用戶需求之間找到非常好的結合點，讓技術在市場上得到最大的利用。創業者選擇項目最重要的是要找準市場營利點，切忌盲目跟風。找到進入市場的切入點，是創業者獲得話語權，搶佔先機，賺取第一桶金的首要條件。

鄧鋒：拒絕安逸，艱辛創業寫輝煌

　　創業者在開創事業時，面對的是不確定的未來，意味著失去了很多保證，沒有人再按月給你發工資，也沒有人再為你承擔風險，一切重擔都落在了自己身上。

　　小時候鄧鋒並不突出，甚至可以說天資平庸。由於父母工作的原因，需要經常搬家，鄧鋒的學業難以保證。他曾經上過三次二年級。留級往往會對學生的心理造成不好的影響，但對鄧鋒的影響卻相反。因為留級，老師教的知識鄧鋒早就懂了，許多同學便向他請教。在同學面前，鄧鋒儼然是一個小老師，這使得鄧鋒的自信心逐步建立起來。為了維持自己的驕傲，鄧鋒便更加努力地學習，從此越學越好。

　　憑著這種驕傲，鄧鋒最終以優異的成績考入了清華大學。甚至有人調侃地說，鄧鋒令人驕傲的輝煌經歷是從他小學二年級留級時萌芽的。作為一個成功的創業者，一家價值四十億美元公司的創始人，鄧鋒頗具傳奇色彩的經歷讓人目眩。但是讓鄧鋒引以為豪的並不是創立 NetScreen 科技公司，而是他在清華大學求學的經歷。鄧鋒說，自己一生中做得最對的一件事就是在清華讀書。在清華的學生生涯，對鄧鋒後來的事業產生了巨大的影響。可以說，鄧鋒創業前的鍛鍊、創業領域的選擇和創業團隊的建立，都與這一段求學生涯不無關係。

　　從一九九〇年開始，鄧鋒先在美國一所大學電腦工程系攻讀碩士學位，後來又在華頓商學院攻讀高層管理人員工商管理碩士。但是博士學位讀到一半時，不安分的他就「跑出來」，加入

晶片巨頭英特爾做工程師，過上了待遇優厚的「金領」生活。

在英特爾，鄧鋒開始認真學習大公司的管理模式，為他以後在 NetScreen 的傑出管理做準備。直到後來，鄧鋒回憶起英特爾的管理模式，仍舊覺得自己從中受益良多。在英特爾工作期間，鄧鋒慢慢意識到，隨著互聯網的發展，網路安全領域將會獲得飛速發展，其中蘊涵著巨大的商機，他開始和好友商議創立公司，專做網路安全產品。

在矽谷，鄧鋒遇到了清華大學同宿舍的同學、當時在思科工作的柯嚴。一九九七年，鄧鋒在打籃球時又結識了第三個夥伴——謝青。三個充滿理想的年輕人湊在一塊兒，開始盤算 NetScreen 的模式。開始，三個人都沒有辭去各自的工作，而是在鄧鋒家的車庫裡，每週六就創業專案碰一次面，後來每週兩次，再後來每天晚上都見面。

車庫似乎有一種魔力，很多知名公司都從這裡起步，並迅速發展壯大。賈伯斯在車庫裡面發明了蘋果電腦，比爾・蓋茲在車庫裡面搞成了微軟，雅虎的創辦人楊致遠與大衛・費洛是在史丹福大學共用一個拖車內的辦公室，其實也是一個小車庫。一九九七年春天，如前面所述的各個 IT 巨人一樣，鄧鋒等人在自家的車庫裡開了創業之路。這也似乎預示了他們也會像賈伯斯、蓋茲等人一樣取得非凡的成功。

創業並非易事。對於這三位來自大陸的年輕人而言，唯一的生存機會就在於推出「革新性的科技」，思科提供了成功的模式，只要能在技術上實現這一想法，隨著網路安全市場的不斷發展，硬體集成防火牆技術肯定能獲得巨大的成功。懷揣這一夢想，三個年輕人在簡陋的車庫裡開始了充滿激情的創業之路。

公司創立五個月後，在天使投資人的穿針引線下，一九九八年年中，以投資雅虎而聞名於世的紅杉資本等多家風險投資商正

式向 NetScreen 投資。

二〇〇五年，鄧鋒帶著妻兒和在美國得到的「第一桶金」悄然回大陸，在北京清華科技園科技大廈這座剛剛落成的辦公樓裡做起了風險投資。而鄧鋒給公司取名為「北極光」，似乎預示了未來鄧鋒在這片投資的海洋中，會再一次發出瑰麗而多彩的光芒。

企業家變成投資者並非鄧鋒一時的「心血來潮」。在美國時，鄧鋒就是「華源科技協會」的會長，一直致力於幫助在美國的華人成功創業。他也曾作為天使投資人，支持華人創業，在成立北極光之前，就已經有很多個人投資。二〇〇五年，鄧鋒在美國組織了中美 IT 企業領袖峰會，李彥宏、張朝陽、馬雲、丁磊、楊元慶等都參加了這次峰會，此次峰會還促成了雅虎對阿里巴巴的戰略投資。

二〇〇五年十月，鄧鋒開始在大陸內地進行投資。也正是北極光風險投資基金創始人這個新的身分，使鄧鋒為更多的中國人所熟知，鄧鋒的影響力逐漸增強。而與他一起再次創業的，正是 NetScreen 的另一位創始人，他的老朋友——柯嚴。北極光定位於中國概念的風險投資公司，專注於早期和成長期技術驅動型的商業機會。集中投資於與 TMT 領域（通信、媒體、科技）相關的、具有中國戰略的企業。此外，還關注大眾消費品市場中，具有技術或商業模式創新的公司，以及新興能源、新興農業等。

在鄧鋒眼裡，北極光是他的「二次創業」。在追求高額回報的同時，他要像農民種地那樣，用自己創業多年得到的經驗、教訓和理念，幫助中小企業成為世界級的大企業。二〇〇六年初，北極光給客戶們展示的 PPT 檔中，第一頁有三句話：培育國際化的企業；培養世界級的企業家；成為一流的風險投資人。也正是帶著這種理念，身懷創業基因的鄧鋒，開始了在創投市場上的

耕耘。

北極光投資的速度不算快,但和矽谷的風險投資相比,北極光投資基金的節奏並不算慢,幾年之內投資了十八個項目,其中二〇〇七年六月二十八日,其投資的展訊通信成功在納斯達克上市。截至二〇〇七年八月,北極光創投基金在鄧鋒帶領下,已經投資了珠海矩力(多媒體電子產品處理器供應商)、百合(中國網路婚介公司)、紅孩子(母嬰用品銷售商)、展訊通信(無線通訊專用積體電路開發製造商)、Mysee(影音檔視音訊娛樂綜合網站)以及連連科技(浙江一家提供便利支付服務的網路服務運營商)等專案。鄧鋒一直強調:「北極光不僅僅希望獲得資金上的回報,更重要的是培養出國際化的企業家和世界級的企業。」

當鄧鋒拋棄了在英特爾優厚的「金領」待遇,選擇創業的時候,這意味著他會失去安逸的生活,未來與冒險、艱辛同行。有選擇必然有放棄,每個創業者首先是一個勇者,他們具備這樣一種素質,即知道自己真正想要的是什麼,也知道自己能夠做什麼,然後義無反顧、全神貫注地去做。對他們而言,一切的不足,都會隨著時間的推移而逐漸完善。唯有創業的機會和勇氣,需要自己把握。

淘金
點評

　　創業者的成功，在於一來懂得掌握時機，乘機吸納；二來速戰速決，在有利的情況下作出決定。一旦決定去做，他們便不會留戀安逸的生活，冒險的血液在體內湧動，他們迫切需要做出一番成就來證明自己。每件存在的事物在開始時只是一個想法。沒有人知道，今天的一個偉大的想法將走得多遠。發人深省的夢想創造發人深省的成就。如果你有想法，就勇敢地去做，成功不會青睞空想家，它屬於實踐家。

潘石屹：拒絕平淡，精彩人生自己做主

作為 SOHO 中國的掌門人，潘石屹無疑是大陸房地產界的異類，他仿效娛樂明星，把自己從房地產大亨樹立成了大眾明星。從第一次辭去公職下海創業賺取第一桶金，到自己引入新概念開發 SOHO 現代城，潘石屹一直在打破著行業規則，進行著自己獨特的創新。潘石屹就是這樣一個拒絕平淡，並且努力把人生活得自在、真實、豐富多彩的人。

潘石屹從小生活在偏僻的山溝裡，童年的記憶裡只有一個「窮」字，甚至因為家中貧困，兩個妹妹都被父母忍痛送給了人家。所幸的是，父母還是努力供他上完了大學。

甘肅的冬天很冷。一到冬天，他和班上的同學們無一例外地手和耳朵發癢，然後長凍瘡。等到開春了，長了凍瘡的地方就癢得難受。而大人們都說，只要第一年長了凍瘡，以後就每年都要復發，一輩子都得長，所以他們也就習慣了。直到那一年，學校新來了一位田老師，一到班上她就說：「今年冬天，我要帶領班上所有的同學們消滅凍瘡，而辦法很簡單，只要動起來，每天堅持跑步、搓手，給手、耳朵等露在外面的身體部位搽上凡士林就可以了。」真的，整個冬天過去了，他們班上竟然沒有一個人長凍瘡。

就這樣在艱苦的環境下，潘石屹還是像貧瘠的岩石縫中的松樹一樣頑強地成長起來。他考上了大學，一九八四年又被分配到石油部管道局工作，每個月可以領到一百零一元的工資，在當時這就是高薪了。平時單位的福利又很好，隔三岔五總能分點大米

或者發一箱蘋果，而且除了輸油調度處每天有事做，管道局的其他部門都很清閒。這樣的機關生活對於一般人來說，簡直就是神仙般的日子了。但潘石屹總覺得心裡有點不舒服，可是他又想不出來是為什麼。

　　不鹹不淡的日子就這樣過了一年，辦公室新分發來了一位女大學生，潘石屹奉命陪她去領辦公桌椅。結果這位女大學生在那兒非常認真地挑來揀去，半天也沒決定要哪套。潘石屹等得心煩，按捺著性子催她快一點，不料她反而非常鄭重地對他展開了說教：「這事哪能隨便應付了事呢？這桌子和椅子可都是要陪我一輩子的啊！」

　　潘石屹彷彿被點中了哪個穴道，頓時呆住。等他回過神來，回到辦公室裡，看了看辦公室裡正襟危坐的那一群五、六十歲的老同事們，心中不禁打了一個寒顫：「我也要像他們這樣一輩子坐到老嗎？」

　　他突然想起了讀小學時，全班同學都長凍瘡，大家都以為是一輩子要一直長下去的了，可是田老師只是讓他們動一動，凍瘡就不長了。機關無所事事的生活，就像冬天長的凍瘡，雖然沒有大害，卻總是讓人心中癢得難受，如果要追求讓自己的心靈輕鬆舒適的生活，辦法只有一個，就是動一下。於是潘石屹決定「動」了。

　　一九八七年，潘石屹辭職下海，他變賣了所有的家當，懷揣八十元到了深圳。剛下海時，幾乎所有人都勸他回頭，只有一個朋友支持，鼓勵他堅持往前走，哪怕要飯也不能往回走。由於語言不通，飲食不適應，潘石屹感到深圳的生活很壓抑。

　　一九八九年，潘石屹到了海南，剛開始擔任一個磚廠的廠長，手下有三百個民工。據說曾經因為刮颱風，所有工程都停工，民工挨餓，他就自己掏錢出來為民工買米，吃了一袋再買一

袋。但潘石屹認為這是他自己第一次真正地管理一支隊伍，很有意義。後來潘石屹在海口結交了幾個意氣相投的朋友，六人合夥成立了「海南農業高技術投資聯合開發總公司」，為了賺錢開始炒地產。他們向北京一家公司貸了五百萬元人民幣，利息百分之二十，做成後利潤五五分成，北京公司派人來監控這筆錢的流向。

這筆錢的條件雖然苛刻，但對於這幾位年輕人來說已經是非常難得了，道理很簡單，沒有錢什麼事情也做不成。

拿到錢後，他們以每平方公尺近三千元的價格買下了八棟別墅，可當時海南的房地產並不景氣，很長時間出不了手。一段時間後，鄧小平視察南方，海南地產急劇升溫，幾個人的好日子終於來了。業內流傳著這樣一個潘石屹賣房子的故事：

一個山西的老闆來買房子，潘石屹開價每平方公尺四千元。這個老闆還在猶豫，又來一個內蒙古的買主，潘石屹張口就報價每平方公尺四千一百元。山西老闆氣壞了：這才幾分鐘，看有人來，就漲價啊！

可潘石屹說：「我重合同，也重信譽，但開價可以正向開，也可以逆向開。」潘石屹說到做到，繼續抬高價格。最後的結果是山西老闆以每平方公尺四千二百元的價格買下了三棟別墅，沒過多久，那個內蒙古買主以每平方公尺六千一百元的價格買下兩棟別墅，而且那個山西老闆還和潘石屹成了朋友。

一九九二年，在海南淘金大潮中，曾經一天湧入了十幾萬人，海口市經濟增長率也達到驚人的百分之八十三。「炒房炒地」因其時間短、見效快，在當時佔據了主導地位。買房賣房的人大多是機會投資者，房子買到手再高價賣出就是贏家，賣不出去可能就要陷入困境。這一年，潘石屹等人就是看中了這個機會，賺了四、五百萬元，在海南淘到了第一桶金，就此也開啟了

潘石屹的房地產生涯。

　　回到北京沒有多久，他就因為第一個將 SOHO 概念引入市場而揚名天下，僅 SOHO 現代城這個總建築面積四十九萬平方公尺的樓盤，銷售額就達到了四十一億元。自此地產界逐漸出現了多姿多彩的潘石屹，出現了以後的博鰲藍色海岸、長城腳下的公社……僅僅十年，他的名字就出現在了富豪排行榜中。

　　潘石屹天生就是個商人，對市場有著敏銳的嗅覺。他又恰好選擇了商業，適得其所。現在潘石屹的生活過得很精彩，除了賣房子，還寫書、拍照、寫博客，甚至還演電影。而能擁有很多人沒有的一切，只因為當初，在一片死寂的生活中，他動了一下，人生，從此就鮮活了起來。

　　在海南的淘金大潮中，潘石屹通過「炒房炒地」迅速攫取到了第一桶金。但潘石屹並沒有因此沾沾自喜，得意忘形。他始終保持著職業商人的危機感。因此潘石屹一直保持著嘗試、創新，但這也為他惹來了眾多爭議。他把商業生活娛樂化，坦誠面對社會公眾，在陽光下爭取勝利。他的房子和他的人都充滿個性和創造力，他做出了常人不敢做的事情，這也是他最大的財富。

史玉柱：大起大落築「巨人」

　　很多人都以為只要是機會就必須得抓住，卻不明白有些機會或許會引導你成功，但其背後也隱藏著陷阱。沒有經歷失敗的成功是脆弱的，一帆風順對於創業者來說不是好現象，就像曇花一般，在短時間內急速地盛開，但卻又很快地凋謝。創業者需要冒險，畏畏縮縮的人永遠只能故步自封、平庸一世。冒險或許會讓人們初嘗成功的快感，但人們更樂於見到失敗，因為失敗讓創業者變得成熟，讓事業更加牢固。

　　一九八四年，從浙江大學畢業的史玉柱，被分配到了安徽省的統計局。由於在工作中表現良好，被保送到深圳大學讀研究生。當時的深圳剛剛被定為「經濟特區」，正處於一個蓬勃向上的發展高峰。特區熱火朝天的情景，深深地感染了內心本就不安分的史玉柱。

　　精神上受到洗禮的史玉柱，已經不滿足於那種「朝九晚五」的平靜生活。當他學成回到單位後，立即向主管遞交了自己的辭職報告。

　　史玉柱的辭職引起了軒然大波。上司和同事都為他惋惜，連最瞭解他的父母都感到不可思議。穩穩當當的「官」不做，舒舒服服的日子不過，偏要辭職，自己把自己推到四處漂泊的迷茫之中，是不是發瘋了？

　　的確，辭職現在是家常便飯，任何人辭職都不會讓人感到驚訝。但是不要忘記，那還是大陸在剛剛開始改革開放的二十世紀八〇年代，那時還是鐵飯碗最為吃香的年代，可以說，那個時候

穩定的工作就是一個人的一切。何況學成歸來的史玉柱前途不可限量，由於工作出色，上級領導已經發下話來：「只要一畢業，馬上提拔為處級幹部。」在論資排輩的年代，還不到三十歲就能做到處級幹部，其誘惑可想而知。

但是不可遏止的創業激情在史玉柱心底激盪著，他面對家人的苦苦反對，面對上司的真誠挽留，還是堅決遞交了辭職報告。面對不可預知的未來，他義無反顧，對自己的家人說：「如果下海失敗，我就跳海！」

一九八九年七月，二十七歲的史玉柱，放棄了自己似錦的前程，懷揣著四千元，回到深圳，開始了自己的創業生涯。

創業伊始，史玉柱非常艱難。那個時候的電腦還屬於「貴重物品」，價格昂貴，最便宜的也要上萬元，口袋裡僅有四千元的史玉柱買不起。好在史玉柱曾在這裡讀過幾年研究生，對這裡的情況還算熟悉，為了節約資金，他就冒充深圳大學的學生。「混進」深圳大學的機房，來編寫自己的程式，但是後來被機房的管理人員發現了，無法繼續使用。他就通過熟人關係找到一個有電腦的辦公室，別人上班他下班，別人下班他上班，利用別人的工作間隙，開發出了 M-6401 桌面系統。

東西是開發出來了，但是要變成錢，還需要有個公司，史玉柱利用自己一位老師的關係，承包了深圳大學科技工貿電腦服務部。說是一個電腦部，其實除了一個營業執照和史玉柱手頭的幾千元外，一無所有，連一台電腦都沒有。當時買一台最便宜的電腦所需的一萬多元，史玉柱根本就拿不出。

戰士即使再勇敢善戰，手裡如果沒有武器，又怎麼能夠打勝仗呢？史玉柱再次拿出了「史大膽」的作風。他找到一家電腦商，以加價一千元的條件，推遲付款半個月，用這種「賒欠」的方法得到了自己的電腦。

　　為了儘快地讓自己的產品走向世界，史玉柱想到了廣告，但是買電腦都沒有錢，哪裡有多餘的錢去做廣告呢？史玉柱仍舊是老辦法，他用研發出來的 M-6401 桌面系統軟體作為抵押，在《電腦世界》上以「先打廣告後付款」的方式，連續做了三期廣告。

　　坦率地說，史玉柱這一招是險棋，他要賭自己能夠在半個月之內將軟體賣出去。如果不成功，那麼史玉柱就會變得一無所有，而且連自己辛辛苦苦研究出來的軟體也要歸他人所有。

　　史玉柱在煎熬中渡過了十二天，一點反應都沒有。在第十三天的時候，事情有了轉機，他收到了兩張訂單，總金額是一萬五千多元。

　　史玉柱這招險棋成功了！他掘到了自己創業的第一桶金。從此一發不可收拾，到十月份的時候，他的帳面上已經有了一百萬。到一九九〇年三月的時候，他的效益已經達到三千萬元！

　　巨人集團就在改革的大潮中迅速崛起，成為當時知名的大企業。

　　一九九三年，巨人集團開始設計「巨人大廈」，方案一改再改，最後定為七十二層，要建大陸第一高樓。

　　想到要建七十二層的巨人大廈，史玉柱全身的血液都是沸騰的。

　　要知道珠海正在修大港口、大機場，還有跨海大橋，珠海眼看著就要成為像深圳特區一樣的國際化大都市了。深圳的辦公大樓已經漲到每平方公尺一萬五到二萬元了。那麼自己的巨人大廈該為自己創造多少利潤，史玉柱有點不敢想了，因為一切來得太快了。

　　可惜讓史玉柱始料不及的是剛打個地基，就花掉一億多元，緊接著地下三層又投入了一億多元，兩個億投下去，還沒有一點

影子冒出來，史玉柱決定先賣樓，用賣樓的錢先蓋二十層，然後再裝修這二十層。等賣掉這二十層再蓋上面的，當然這只是史玉柱一廂情願的想法，自己公司由於不斷向巨人大廈「輸血」，已經到了快要崩潰的邊緣。更讓史玉柱感覺到可怕的是那些購買了巨人大廈房產的人，天天上門來要求退款，因為這個時候的媒體，也地毯式地報導巨人集團的財務危機。

面對著只建了三層的巨人大廈，史玉柱的心在流血，他這才明白這一切對自己來說不是機會，而是一個讓自己越陷越深的爛泥坑。一九九八年，珠海市相關部門宣佈史玉柱的巨人大廈為爛尾樓，史玉柱的巨人集團宣佈破產。

敢於冒險讓史玉柱的創業獲得了極大的成功，但是冒險也讓史玉柱栽了跟頭。巨人大廈的建造，同樣充滿著冒險主義的色彩，但遺憾的是，這次冒險史玉柱沒有成功，而且還讓他從「中國富豪」變成了「中國首窮」。

史玉柱成了二十世紀九〇年代最著名的失敗者，但史玉柱卻永遠是一位敢於直面失敗、敢於重新再來的人。史玉柱對購買巨人大廈房產的那些債主說：「你們等著，不過五年，我就把錢全部還給你們。」史玉柱又對那些跟著自己有二十個月沒有領到工資的員工說：「不要傷心，有我史玉柱在，你們的工資就在。」

二〇〇〇年，史玉柱憑著「腦白金」重新站起來了。二〇〇一年，史玉柱拿出兩億還掉了所有的債。他終於輕鬆了。二〇〇五年，史玉柱轉戰網遊市場，並取得了巨大成功。

經歷了人生的大起大落，有人或許會問：史玉柱還敢不敢再冒險？

史玉柱永遠不會放棄冒險，冒險因子已經流淌在史玉柱的血液中。控制冒險的風險不等於不再冒險，而是不再貿然冒險。只是他對於目標的追求變得更加冷靜、更加謹慎，就像他自己所

說：「我在任何專案沒有百分之八十以上成功的可能性，一般都不敢動了，雖然現在情況稍微好了一點。」因為在經歷了一場著名的失敗之後，史玉柱再也不會固執地選擇一意孤行。他深諳他人建議的價值，他懂得如何去控制自己冒險的衝動。

淘金點評

　　作為有血有肉的人，都是有其感性的一面，性格中或多或少都有不可抑制的冒險因子。創業者如果一味地憑感情做事，也許他們在開始時靠著對事業的熱情和衝勁，僥倖獲得了成功，但這成功多半是不穩固的。這類的創業往往是曇花一現，迅速地崛起、衰敗。創業者對於冒險要有更高的認識，作出決定前不要那麼衝動，要在冒險前多深思熟慮。只有懂得了克制自己的衝動，懂得了用團隊來理性決策，這樣的冒險才是有價值的，才更容易獲得成功。

Chapter 03

勇為人先，
做行業的領頭羊

馬雲：「互聯網教父」的網路王國

　　馬雲認為，只有當一個人有眼光、有胸懷、有實力的時候，這個人才能馳騁江湖，無往不勝。這就要求他總比別人看得遠一點，胸懷更能包容一切，以及對夢想有更為瘋狂的堅持和追求。馬雲，正是用他的特立獨行，用他的勇氣和智慧，在互聯網的世界裡創造了一個響噹噹的電子商務帝國。

　　和所有的互聯網菁英不一樣，馬雲不僅沒有令人肅然起敬的世界一流高校的學歷和一流企業的從業背景；相反，他從不諱言自己不懂互聯網技術，至今還只是會收發 E-mail 和上網流覽等基本操作。

　　一九六四年九月十日，馬雲出生在杭州西子湖畔一戶普通人家。馬雲以調皮搗蛋聞名，學習並不出眾。唯一可以說出口的，就是他的英語稍好一點。

　　儘管沒有家學淵源，父母連英文字母 ABC 都不會，但十二歲時的馬雲就喜歡上了英語並用心地學習起來。

　　一九七九年大陸剛改革開放時，到杭州旅遊的外國人漸漸多起來，馬雲一有機會就在大街上逮著人家練口語。就這樣，從未出過國的馬雲練就了一口純正、流利的英語，這對他日後的發展大有裨益。多年後，他在面對世界各大媒體採訪時能應對自如，在各地演講時也能侃侃而談，表現出來的氣度絲毫不遜色於人，令人頓生敬意。

　　第三次聯考後，偏偏不被看好的馬雲跌跌撞撞地考進了杭州師範學院，馬雲進入英語系就讀。

　　考上大學後的馬雲堅持清晨跑到西湖邊找老外「聊天」，或者一有空就一個人跑到賓館門口跟老外「對話」。工夫不負有心人，學習上的努力終於得到了回報。

　　畢業後，當其他同學都成為中學教師時，馬雲卻是當年杭州師範學院五百個畢業生中，唯一被分配到大學裡教書的學生。

　　一九九一年，不甘平庸的他和朋友成立了海博翻譯社。沒想第一個月就鎩羽而歸，收入七百元，房租卻要交二千元，成為別人口中的笑料。不少朋友動搖了，放棄了這個翻譯社，但是他堅持下來了，他認為任何事都貴在堅持，只要做，就會有前景。他在廣州和義烏進了貨，在翻譯社裡賣鮮花和禮品，以小商品買賣來積累資金。

　　兩年間，馬雲不僅養活了翻譯社，籌辦了杭州第一個英語角，同時還成了全院課程最多的老師。

　　更讓馬雲欣慰的是，後來海博成為杭州乃至浙江最大的翻譯社。

　　一九九四年底，馬雲初次聽說互聯網；一九九五年初，他偶然去美國，首次接觸到互聯網。對電腦沒有絲毫認識的馬雲，在朋友的幫助和介紹下開始接觸互聯網。當時網上沒有任何關於大陸的資料，出於好奇，馬雲請人做了一個自己翻譯社的網頁，沒想到三個小時就收到了四封郵件。

　　具有商業頭腦的馬雲意識到，互聯網必將改變世界！之後，不安分的他萌生了一個狂妄的想法：做一個網站，把大陸的企業資料收集起來放在網上向全世界發佈。

　　此時，剛滿三十歲的馬雲已經是「杭州十大傑出青年教師」之一，而且有望升職做外辦主任。但是特立獨行的馬雲放棄了在學校的一切地位、身分和待遇，毅然決定下海。

　　此時，互聯網對於大多數大陸人來說還是非常陌生的事物。

即使在全球範圍內，互聯網也才開始發展：大洋彼岸，尼葛洛龐帝的網路傳播巨作《數位化生存》剛剛面世；楊致遠創建雅虎還不到一年；而在北京，中國科學院電腦網路資訊中心研究員錢華林，剛剛用一根光纖接通美國互聯網，發出了第一封電子郵件。處在這樣的社會情形之下，馬雲站在了時代的前沿，他夢想自己用互聯網開公司，下海營利。

一九九六年，網站的營業額不可思議地做到了七百萬元！也就是這一年，互聯網漸漸普及了。這時馬雲受到了外經貿部的注意。一九九七年，馬雲被邀請到北京，加盟外經貿部中國國際電子商務中心。在這期間，馬雲的 B2B 網路行銷思路漸漸成熟，即用電子商務為中小企業服務。他通過研究認為，互聯網上商業機構之間的業務量，比商業機構與消費者之間的業務量大得多。

一九九九年，馬雲正式辭去公職，帶領團隊回杭州創辦阿里巴巴網站，開拓電子商務應用，尤其是 B2B 網路行銷業務。目前，阿里巴巴是全球最大的 B2B 網路行銷網站之一。

馬雲率領他的阿里巴巴運營團隊，彙聚了來自全球二百二十個國家和地區的一千多萬註冊網商，每天提供超過八百多萬條商業資訊，成為全球國際貿易領域最大、最活躍的網上市場和商人社區。他改變了全球做生意的方式，他以自己的成功經歷告訴人們：天下沒有難做的生意。在互聯網領域作出的突出貢獻，為馬雲贏得了中國的「互聯網教父」稱號。

二〇〇〇年十月，馬雲被「世界經濟論壇」評為二〇〇一年全球一百位「未來領袖」之一；二〇〇四年十二月，榮獲「CCTV 十大年度經濟人物」獎；二〇〇六年至今成為中央電視臺《贏在中國》欄目最有特色、最具影響力的評委。此外，他還用雅虎中國和阿里巴巴，為《贏在中國》官方網站提供平臺，為千百萬創業者提供平臺。

從最初的艱難，到今天的電子商務巨頭，馬雲的創業可謂一路風光無限，這與他在創業之初就有著一個宏偉的目標相關，也與他的人格魅力息息相關。一個成功的創業者應該具有自己獨特的精神，他不僅能虛心接受別人的意見，更重要的是他能保持自己的獨特觀點，不至於喪失獨立思考的能力，這樣的人最容易成功。

馬雲笑稱自己腦子笨：「如果馬雲能夠創業成功的話，我相信百分之八十的年輕人創業能成功。」他還說過：「今天會很殘酷，明天會更殘酷，後天會很美好，但絕大多數人會死在明天晚上。」創業是個失敗率很高的事情，即使出發時你搶在了別人前面，也難保笑到最後，最終的勝利者可以說是十難存一。而成功的原因就在於你還在堅持，別人已經放棄了。只要你還在堅持，你就會勝利。「騏驥一躍，不能十步；駑馬十駕，功在不捨。」在困難面前，只要堅持，認準了目標就永不放棄勇往直前，最終必能實現自己的創業夢想。

陳天橋：演繹自己的熱血「傳奇」

　　一個三十一歲的青年，只用了短短五年的時間，就成為大陸第一富豪，他創建了大陸最大的網路遊戲公司。他曾當選「二〇〇四年度網路遊戲風雲人物」；他曾在「二〇〇三CCTV中國經濟年度人物評選」頒獎典禮上榮膺「年度新銳獎」；他被國外媒體稱為「中國互動娛樂業第一人」。他就是盛大公司的首席執行官——陳天橋。

　　一九九九年九月，陳天橋投資創建了以動畫、卡通為主的網站 stame. com 和中國最早的網上虛擬社群，不久註冊用戶就突破了百萬。同年十一月，在陳天橋與妻子、弟弟還有幾位大學同學的共同策劃下，「上海盛大網路發展有限公司」誕生了，註冊資金五十萬元人民幣。

　　在當時追求目光注意力的大環境中，用戶量決定了一切，盛大因此贏得了中華網的青睞。一九九九年十二月，中華網決定向盛大投資三百萬美元。二〇〇〇年一月陳天橋正式拿到了中華網的投資，而中華網得到了 stame. com 百分之三十的頁面訪問量。

　　當時的互聯網正處於迅速發展壯大的時期，接受風險投資的同時，隨之而來的就是資本的意志。中華網認為僅憑虛擬社群遠不足以帶來更高的流覽量，他們要求陳天橋改變盛大經營的方向，於是陳天橋開始四面出擊。利用中華網的投資，陳天橋起初購買了幾個中國經典卡通的版權，還辦起了多期的卡通雜誌，並陸續拿到為奧迪、飄柔等大牌廠商和產品做網上動畫廣告的單子。當時的盛大一個月有十幾萬元的收入。

　　然而好景不長。二〇〇〇年下半年，互聯網的泡沫開始破滅，這時的盛大還沒有達到損益平衡。年輕的陳天橋再次面臨嚴峻的考驗。

　　盛大的出路在哪裡？

　　在當時的環境下，全面出擊顯然是行不通的，一定要抓住核心業務。作為業務調整，陳天橋忍痛將虛擬社群關閉了，轉而一心一意做起了網路遊戲。他說：

　　「當你認準一個方向的時候全力以赴，只有專注的企業才能成功，多元化的企業可以生存但很難成功。」

　　盛大第一次轉型就這樣開始了。

　　就在此時，又一個意想不到的打擊突然而來。

　　盛大與中華網起初談好的三百萬美元的投資，當時實際只到帳了二百萬美元。其中原因是盛大最初的定位是動漫互動社區，即「遊戲+雜誌+Flash 廣告」，而中華網卻想將盛大打造成一個門戶網站，因此，剩下那一百萬美元因雙方意見分歧而遲遲未能到位。此時此刻，互聯網前景一片暗淡，中華網有意撤資。

　　當時的陳天橋有兩條路可以選擇：一是接受中華網的建議，將盛大辦成一個「入口」，然後獲得三百萬美元的全部投資；二是堅持自己的方向，和中華網分手，得到三十萬美元的股本費。這種「逼迫」，反而激發了陳天橋的壯志雄心，如同當年婉拒上司攜妻進入仕途的邀請一樣，陳天橋再次選擇了拒絕，堅定地走自己認準的道路。就這樣，陳天橋與中華網徹底分手了。

　　不久之後的一個機會，徹底改變了陳天橋和盛大的命運。韓國遊戲開發商到上海來推廣自己研發的網路遊戲《傳奇》，經上海市動畫協會的介紹，他們和陳天橋碰面了。在當時這只是再普通不過的一次會面，可站在今天來看，那次會面就可以稱得上是「載入互聯網的史冊」了。

當時《傳奇》在臺灣已經運行了一段時間，可線上人數不過幾千人，而且外包裝也很普通，引不起人們的特別注意，代理這樣一款遊戲確實要冒很大的風險。曾經的遊戲高手陳天橋，自己先動手玩了這款遊戲。玩的結果是他下定決心做它的代理。陳天橋用與中華網分手後餘下的三十萬美元外加每月百分之二十七的利潤抽成，簽下了《傳奇》一年的運營權。

陳天橋與盛大的「傳奇」之路由此開始。可是脫離了中華網，陳天橋感到舉步維艱，不得已，他最終決定裁員並降薪，以維持日常的經營開支。

此外，為了解決硬體設施問題，陳天橋拿著與韓國 Actoz 軟體公司所簽訂的合約，找到浪潮、戴爾，告訴他們盛大要運作韓國的遊戲，申請試用機器兩個月。浪潮和戴爾公司看到他簽訂的是國際正規合同，就同意了他的請求。

後來陳天橋又拿著伺服器的合約，以同樣的方式找到中國電信談。中國電信最終也同意讓盛大在兩個月測試期內免費試用頻寬。萬事俱備，只欠東風。有了合同、伺服器以及頻寬，就剩下如何推銷這款遊戲了。精明的陳天橋把遊戲點卡交給了最有實力的單機遊戲分銷商上海育碧，由他們代銷盛大遊戲點卡。

世事難預料，當初這個被大多數人並不看好的遊戲，卻鋪就了陳天橋的財富「傳奇」之路：

二〇〇一年九月二十八日，《傳奇》正式上市，兩個月後《傳奇》正式收費，同時線上人數迅速突破四十萬大關，全國點卡銷售一空。盛大在《傳奇》上投入的資金迅速回籠，安然渡過了資金難關。

二〇〇四年五月十三日，盛大網路在美國納斯達克上市。三十一歲的陳天橋後來居上，身價漲為五十億元。陳天橋和盛大網路在二〇〇四年成就了新的網路傳奇。

陳天橋是大陸網路遊戲產業的奠基人和領軍人物，締造了一個白手起家創業的神話，其影響力遍佈全球。在二○○五年度的全球華商影響力排行榜中，陳天橋位列十強之一。

陳天橋的難能可貴之處，是對自己的準確定位和對目標的執著追求。曾經有人說，一切偉大的成功者都是學習者。作為一個自始至終銳意進取的創業者，在盛大的發展過程中，陳天橋沒有對舊市場、舊產業緊抱不放，而是在積極尋找新的商機，進而把盛大的「互動娛樂傳媒帝國」，一步步做大、做強。

　　現在市場經濟中，企業之間是「大魚吃小魚，快魚吃慢魚」的競爭關係。同一個行業中做相同事情的人很多，而且也能做得一樣好。那麼就要看誰把握住先機，看誰先強大起來，誰先制訂遊戲規則。創業是一條風險與機遇並存、跳躍發展的道路。一個現代創業團隊的舵手，不僅僅要懂技術、懂管理、懂銷售，更要熟悉市場的運作。唯有如此，才能實現企業的超常規發展，才能走在行業前面。

李書福：請給我一次失敗的機會

有些人創業喜歡跟隨別人的項目，看到什麼錢好賺就做什麼項目。事實上，這樣的項目不可能讓你成為巨富。創業成功者往往是做別人沒有做過的事。

吉利李書福正是一個敢為人先的創業者。

一九八二年，李書福高中畢業，由於三分之差沒有考上大學，便在家鄉台州開了一家小照相館。

由於出生在貧窮落後的山村，是農民的兒子，李書福最大的特點就是不怕窮、不怕苦，一心想著如何致富！敢闖敢拼，豁得出去，如此灑脫的李書福說這就是他開照相館的最初想法。

因為有了理想，李書福拿著做小生意的父親給的一百二十元開起了小照相館。

而作為「吃飯本錢」的照相機，讓人難以想像，用現在的話可以說是李書福自己動手組裝的一個「拼裝機」：買一個鏡頭，再買一個裝膠片的東西，齒輪就自己做，閃光燈也是找人做，就連反光罩也是找鄉下敲鐵皮水桶的工匠做的。

照相館裡一千多塊錢的東西，自己只花幾塊錢就搞定，而且效果不錯。

李書福現在還清楚地記得，剛開始的時候，坐等別人到照相館來照相根本不現實，於是就四處出擊，帶著小相機，騎著一輛自行車到大街上攬生意。不怕苦不怕累的李書福就這樣照了半年，存了八百元，正式開起了照相館。

而給別人照相之餘的李書福，還經常買一些零件自己組裝照

相機。喜歡琢磨折騰的他，在洗相片的過程中發現，用一種藥水浸泡，可以把廢棄物中的金銀分離出來。這又是一個生財之道！於是李書福開始把分離提取出來的金銀帶到杭州出售。

這時的李書福開始靠自己特有的技術賺錢了。他至今還有些自豪地說，自己選的創業項目都是別人做不了的，從洗照片的廢棄物中分離出金銀的技術，別人現在都還做不了！

由於賣分離出來的金銀比照相賺錢來得更快，而且自己的這項技術獨一無二，李書福一不做二不休想乾脆關了照相館，專門做這個買賣。

為這個項目，李書福投資了不少錢，雖然這些錢大部分來自生意不錯的照相館，但李書福還是義無反顧地把照相館關了。

一天下午，李書福去當鋪把相機也當了。那相機九成新，老闆出五十元。他真不敢相信自己的耳朵，簡直就是「賤賣」，但他還是一咬牙接過了五十元。

光陰似箭，日月如梭，時間很快到了一九八四年。

細心的人會發現，在李書福的簡歷中，基本上都是從這一年開始寫起，此時他的名頭是黃岩縣石曲冰箱配件廠廠長，可以說那是一個輝煌的開始。

現在看來，李書福產生開這個冰箱配件廠的念頭有些不可思議。

有一天他的皮鞋破了，下雨的時候漏水，他想找個家庭鞋廠訂做一雙，又便宜又結實。於是他找到一家鞋廠，四個工人卻在做異型鐵片，說是在給冰箱做一種元件。

在與工人們聊天中，李書福發現這小小的元件來錢更快，而且供不應求。他心想自己也要開個這樣的廠，心裡一高興，連鞋子也忘記訂做了。

很快，李書福就在自己家裡開起了工廠，工人和廠長就一

人：李書福自己。

開起了自己的工廠後，李書福整天坐在廠裡的小木凳上琢磨，在老虎鉗上夾、錘、鑽、洗、磨，然後提著個大帆布包去台州的冰箱廠。

冰箱廠離李書福家不遠，坐公車一上午可往返兩趟，生意很不錯。初嘗甜頭的李書福後來就和其他幾個兄弟一起正式成立了石曲冰箱配件廠，由李書福出任廠長。

當時冰箱市場的供不應求，帶動了製冷元件產業的發展，李書福的這個配件廠的生意也越來越好，只要產品一送到冰箱廠，冰箱廠直接用現金收購。

喜歡自己琢磨的李書福，也逐漸摸透了除冰箱最關鍵的「蒸發器」之外的所有部件。這使得工廠的產品種類也從小配件一直做到一些核心部件。

一來二去，李書福的小廠從幾百元做到了幾千元，又從幾千元做到了幾萬元。

審時度勢的李書福看準了市場需求這麼大的良好商機，做出了一個大膽的決定——自己生產冰箱。

一九八六年，他在自己研發、生產出電冰箱關鍵零部件蒸發器後，組建了黃岩縣北極花電冰箱廠，生產「北極花」牌電冰箱，到一九八九年五月，冰箱銷售額已達四千多萬元，並與青島紅星廠合作，為紅星廠生產冰箱、冰櫃。「北極花」牌冰箱當時已成為馳名產品。而二十六歲的李書福也是當時名副其實的「千萬富翁」了。不過最後其冰箱廠因沒有列入定點生產企業名單而終結了。

懷揣千萬元的李書福在放下冰箱廠後，去了深圳「充電」。不過在深圳學習期間，因為裝修宿舍，李書福發現一種進口裝修材料市場前景不錯。隨即他就返回台州，又開始重新創業，生產

這種裝修材料。

　　一九八九——九九一年，任浙江台州吉利裝潢材料廠廠長，生產了大陸第一張美鋁曲板，並建立了第一個鋁塑板的生產廠。

　　一九九二年投資海南的房地產，卻損失五、六千萬。

　　一九九二——九九五年，在燕山大學學習。

　　一九九三年，李書福吸取了「北極花」的教訓，以數千萬元的代價，收購了浙江臨海一家有生產權的國有摩托車廠，並率先研製成功四衝程踏板式發動機。接著又與行業老大「嘉陵」合作生產「嘉吉」牌摩托車，不到一年的時間，他的摩托車銷量不僅一直佔據踏板車龍頭地位，還出口美國、義大利等三十二個國家。

　　一九九四年，摩托車生意紅火的李書福有了一個驚人的決定——「造汽車」。籌建了吉利「豪情汽車工業園區」。

　　一九九七年，四川一家生產小客車的企業瀕臨倒閉，精明的李書福看到了機會，最終吉利投資一千四百萬元，成立了四川吉利波音汽車製造公司，並拿到了小客車、麵包車的生產權。

　　二〇〇一年十二月，大陸經貿委發佈了第七批車輛生產企業及產品《公告》，吉利獲得了轎車生產資格。到二〇〇一年，吉利擁有了臨海（豪情）、寧波（美日）和上海浦東（華普）三個汽車生產基地，完成了吉利進入汽車工業的基本戰略架構。

　　二〇一〇年三月，吉利汽車以十八億美元的價格收購了瑞典汽車企業 VOLVO 的全部的股權。李書福因此成為全球的焦點，《華爾街日報》更是把他比作亨利・福特。

　　李書福有一句名言：「少談點金錢，多談點精神。」這句話高度總結了他獲得財富的經驗。從北極花冰箱廠關門後，吸取教訓的李書福就再也沒有在同一個地方摔倒第二次。從那以後，他每次做出吉利集團重大轉折性的決定後，認準了就絕不放棄，然

後義無反顧地去追求，對失敗無所畏懼。

　　自己創業，給自己當老闆，只有勇氣沒有才智，恐怕遲早會垮掉的。所以在準備創業之初，最好認真衡量一下自己的才智夠不夠，千萬不要想當然行事。因為自己創業了，事事都要自己把握，各種風險都需要自己承擔，才智不夠就會把事業之船開上淺灘。大家經常看到有一些成功者總會出其不意地賺錢，而大家又很難模仿。正所謂成功在大家所矚目的相反方向，而轉向大家矚目的相反方向，所需要的正是勇氣，每個成功的創業者身上一定具備這種勇氣。勇氣加上才智，才是一個成功的創業者立於不敗之地、永遠領先的根本。

丁磊：網易讓網路生活變得更容易

　　從創業到現在，丁磊每天都在關心新的技術，密切跟蹤 Internet 新的發展，每天工作十六個小時以上，其中有十個小時是在網上，他的郵箱有數十個，每天都要收到上百封電子郵件。他認為雖然每個人的天賦有差別，但作為一個年輕人，首先要有理想和目標。尤其是年輕人，無論工作單位怎麼變動，重要的是要懷抱理想，而且絕不放棄努力。

　　一九八九年進入電子科技大學的丁磊，對成都的潮濕天氣十分不適應，但這絲毫沒有影響到他樂觀的性格。丁磊大學時代的輔導員說，丁磊總是一副笑嘻嘻的面孔，樂於助人。如果說丁磊能有後來的成就，應該歸功於他經常到圖書館翻閱外文科技尤其是電腦書籍，「他比別人早一步得到最新的世界科技動態，有關互聯網的資訊，也是從那裡得來的」。

　　他大學時的導師馮老師說：「讓我印象最深刻的是，一九九二年冬天，丁磊大四上學期，我辦了一個電磁場 CT 軟體的成果展示。丁磊和其他幾個同學下來主動找到我說，他們對此十分感興趣，如果交給他們做，一定能把這個軟體做得更好，那自信的模樣讓我感動。」

　　在課題組工作的日子，丁磊已經展示出了較強的能力，尤其是在電腦程式設計方面。在當時能用電腦程式設計和做一些介面的設計，已經是很不錯的事情。

　　丁磊對電腦程式設計的興趣從這裡展開，他的性格也在大學時代逐漸顯現出來。馮老師還說：「丁磊給我的感覺就是他不是

個被人安排的人……他的成績只是中上，他不張揚，但他的闖勁給人印象深刻，他的愛好就是程式設計。」

一九九三年，在成都潮濕天氣中已經習慣吃辣的二十二歲的丁磊，帶著他對電腦程式設計的特殊愛好和特有的不服輸的脾氣，從高等學府走向社會。

丁磊說他當初選擇電子科技大學的一個重要原因是小時候就有做電子工程師的夢想，另外就是學校招生簡章上說該校擁有數萬冊電子專業類藏書。如今懷揣著電子科技大學畢業文憑的丁磊，被分配回自己的家鄉寧波，進入令人豔羨的寧波市電信局工作。

從一九九三年到一九九五年在寧波電信局做工程師。兩年裡丁磊最大的收穫是學會了 Unix 和電信業務。「我幾乎天天晚上十二點才離開單位，因為單位有 Unix 電腦。網易後來的成功和我很早就掌握了 Unix 精華分不開。」

一九九三年，丁磊無意間在一本雜誌上得知北京開了一個名叫「火腿」的 BBS 網路論壇。當時站上的內容很少，不過丁磊立刻意識到，BBS 是以後發展的方向。第一次登陸 BBS 的丁磊，當晚就在惠多網創始人之一孟超的幫助下，在寧波搭建成了自己的 BBS 網路論壇。

一九九四年，丁磊第一次登錄 Internet，那是從中科院高能所同學那裡要的一個帳號。興奮不已的丁磊流覽的第一個網站是雅虎，丁磊「感覺很不錯」。接著丁磊去創新公司下載了不少多媒體驅動程式。一九九五年六月，丁磊成為北京電信前一百個用戶之一。

在 Internet 上「見了世面」的丁磊，向自己的總工建議在本局開展資訊服務業務，等了一段時間，發現沒有什麼進展，便決定離開。

　　與丁磊同年分配進電信局的有十六個人，幾乎都來自知名大學，很多人對電信局旱澇保收的工作很滿意，認為房子、工資都不錯。但丁磊無法接受這樣的工作模式和評價人的標準，他在大學裡已經顯露出的不服人管的脾氣再次顯現出來。一九九五年從電信局辭職。「這是我第一次開除自己。這一步，將是人生成敗的一個分水嶺。」

　　一九九五年五月，丁磊來到廣州，加盟剛剛成立的廣州關係型數據庫系統。在關係型數據庫系統一年，丁磊感覺自己除了整天安裝調試資料庫外，幾乎沒有什麼進步，於是又選擇了離開。

　　一九九六年五月，丁磊當上了廣州一家互聯網服務提供公司的總經理技術助理。在這家互聯網服務提供公司，他架設了Chinanet 上第一個「火鳥」BBS，結識了很多網友。好景難長，丁磊所在的互聯網服務提供公司，由於面臨激烈競爭和昂貴的電信收費，幾乎無法生存下去。一九九七年五月，他只得再一次選擇了離開。

　　已經三次跳槽的丁磊在一九九七年的那個五月，對自己的前途整整思考了五天，最後的決定是自立門戶，幹一番事業。

　　一九九七年五月，丁磊創辦網易公司，他佔有百分之五十以上的股份，成為真正的老闆。網易創業的五十萬元資金一部分是丁磊幾年來一行一行寫程式積攢下來的，另一部分是向朋友借的。「當時並沒有老闆的概念，只是希望按照自己的意圖做事。」丁磊回顧說。

　　經營 Internet 業務最好能有一台 Internet 伺服器放在電信局裡，怎樣能不花錢就把自己的伺服器架到電信局機房裡去？丁磊為此費盡了心機。

　　最後，丁磊向廣州電信局呈上了一份「豐富 Chinanet 服務，吸引上網時間」的方案，方案指出現在 Chinanet 上的服務

很少，因此無法吸引用戶上網。使用者即便上了網，沒有好的服務，也待不住。而網易提供的 BBS 服務，能夠吸引大批使用者上網，並且能讓線民一泡就是幾個小時。

廣州電信局主管聽了這個方案覺得有理，於是就給了網易一個 IP 地址，讓他們把伺服器放到了電信局。這種做法後來被稱為伺服器託管業務。到現在丁磊都自豪自己當初的那個方案寫得非常好，「幾乎可以打動任何一個電信局」。

一九九八年六月之前，丁磊根本沒重視過「網路門戶」這個概念。一天，一個國外大網路門戶網站的老闆告訴丁磊，他們一個月的廣告收入高達二十五萬美元。這句話讓丁磊猛醒，他意識到網上廣告將可能會成為網站最有前途的收入，回來後，網易就將首頁向「門戶」變了個臉，改版後不到一個月，訪問量激增。

一九九八年七月，互聯網資訊中心投票評選十佳中文網站，網易喜獲第一。聽到這個消息，丁磊簡直不敢信這是真的。「因為我們一直把自己看成是搞技術的，是靠開發軟體維持公司運行的公司，不是做內容的網站。」一九九九年一月，網易再獲互聯網資訊中心評選的十佳中文網站第一。

網易每天十萬人的訪問量讓它在一九九八年短短四個月時間內，廣告銷售額就達到了十多萬美元。

出生於一九七一年的丁磊讓一九九七年五月創辦的網易，兩年間就成了中國最著名的入口網站之一。更為難能可貴的是在全世界都認為 Internet 目前尚處在投入期的今天，網易一九九八年的利潤達到了四百多萬元。

丁磊成為第一個靠做互聯網做成富豪的大陸創業者。

人的一生總會面臨很多機遇，但機遇是有代價的。有沒有勇氣邁出第一步，往往是人生的分水嶺。一個人想要實現自己的目標，除勤奮外，就是要積極進取和創新。

敢於挑戰自我，樂於接觸未知事物，是許多成功創業者的共性。正是這些共性和敢於作為的勇氣，成就了他們。創業者眼光的長短，註定了事業的成敗，一個創業者追求境界的遠近，也同樣註定了其成功的大小。所以創業者要有高於時代的眼光，能發現影響未來的創業機遇，這樣就能做到搶佔先機，永遠領先時代一步。

福特：從流水線生產到八小時工作制

　　鋼鐵、石油和交通，為亨利·福特和早期的福特汽車公司佈置了舞臺。一八六四年，福特出生後第二年，平爐煉鋼法問世，現代鋼鐵時代拉開序幕。次年，石油部門開始鋪設一個龐大的輸油管網路的第一段輸油管路，這個網路的輸油管最終將為七千五百萬輛汽車提供燃油。一八六九年，鐵軌貫穿整個美國大陸。

　　一九〇三年六月十六日，福特汽車公司在一間由貨車工廠改造而成的窄小工廠中宣告成立。其全部財產包括一些工具、器材、機器、計畫書、技術說明、藍圖、專利、幾個模型和十二位投資者籌措的二萬八千美元。

　　除亨利·福特外，新公司最初的股東還包括一位煤炭商人、煤炭商的簿記員、一位賒帳給煤炭商的銀行家、一對經營發動機製造廠的兄弟倆、三位木匠、兩位律師、一位公司職員、雜貨店老闆和一位風車與氣槍生產商。

　　公司銷售的第一輛汽車被稱為「市場上最完美的汽車」。第一輛車賣給了芝加哥的一位博士。他在公司成立後的一個月就買了這輛車，使那些憂心忡忡、眼看著銀行存款只剩下二百多美元的股東們喜出望外。

　　接下來的五年時間裡，年輕的亨利·福特先擔任總工程師，隨後擔任總裁。他展開了一個全面的開發和生產計畫，在這期間，福特慢慢積累了他事業的第一桶金，為未來汽車王國的建立，打下了堅實的基礎。

　　一九〇八年十月福特生產的 T 型車步入歷史舞臺。亨利·

福特稱之為「萬能車」，它成為低價、可靠運輸工具的象徵，當別的汽車陷於泥濘的道路上時，它卻能繼續前行。Ｔ型車贏得了千千萬萬美國人的心。Ｔ型車第一年的產量達到一萬多輛，打破了汽車業有史以來的所有紀錄。

Ｔ型車引起了一場農村變革。五美元的日薪及其蘊涵的哲學引發了一場社會變革，而流動的裝配線則引起了一場工業變革。

在 Ｔ 型車投產的十九年裡，僅美國就銷售了一千五百多萬輛。福特汽車公司在全球牢牢建立了自己作為綜合工業巨頭的地位。

美國福特汽車公司的生產線，同時導致了八小時工作制的誕生。一九○八年亨利‧福特開拓新的市場，設計生產家用廉價的Ｔ型車。福特請來了一位效率專家，專家經過對工人工作時每一個動作所用時間的準確測算，把過去由一人從頭到尾組裝一輛車，改為由多人流水作業，推出了最富革命性的變化──「生產線」。為了減少工人取零件跑來跑去浪費的時間，又安裝了傳送帶，大大提高了工作效率。福特汽車組裝一輛汽車僅需一個半小時，而當時世界上第一個工業革命的國家──英國安裝一輛汽車整個過程需一個星期。

在生產線上的工人們一天工作十幾個小時，工作中他們必須分秒不差地重複著同一個動作，否則就會影響下一道工序。工人們還受到嚴格的監督，在工作中他們不能倚靠機器、不能走動、不能說話、不能坐下、不能蹲著，更不能抽煙，人人都用一種福特式低語暗自交流，人人也都板著一副福特式的面孔，人和機器幾乎沒有區別。生產線把人變成了機器的一個部分。在第一條生產線啟動不久，就有百分之九十的工人辭職不肯留下來工作。

於是在一九一二年的一月十五日《紐約時報》刊登了這樣一條消息：「福特汽車公司董事長亨利‧福特提出全體職工實行一

天八小時工作制度，每日最低薪資五美元，同時公司將從本年度的總決算中，拿出一千萬美元鉅款利潤與全體職工分享。」消息傳出，福特汽車公司立刻被求職者圍得水泄不通。工人們認識到保障工廠的順利運行，也是自己的利益所在，工人們在八小時內不停地工作，按照管理者規定的速度，不敢或不能停止或放慢，更沒有人閒著和聊天，每個人都怕失去這份工作。

　　規模生產和低成本不僅創造出了廉價汽車，也形成了一批高收入的人群——福特人。福特人也為美國汽車行業發展作出了巨大貢獻。二十世紀二〇年代中美國有百分之二十的人有了汽車，而這個數字是英國人四十年後才達到的。汽車行業的高收入引起其他行業的嫉妒，美國汽車城就像一座財富之島，工人們可以購房、買車。福特汽車公司還保證向工人們提供健康、保險、退休金和年度工資上調的福利。這一切的一切，都是工人們在八小時內不停工作創造的高額利潤所帶來的。

　　福特汽車之所以長時間在美國汽車行業佔有霸主地位，主要是其有與時俱進的企業戰略，能夠做到永遠領先行業水準。不少企業有一種「流浪傾向」，它們缺乏企業戰略，經營企業就像踩溜冰鞋，溜到哪兒算哪兒。如果一個企業不想被人趕超乃至被淘汰，一定要有因地制宜的企業戰略。

如果一個企業想做行業的領頭羊，且長期保持這種地位，就必須有自己的企業戰略。有些企業雖然也制訂了戰略，但其戰略不是建立在對企業外部機制、內部優勢、弱點以及經營危機的全面、科學分析與論證基礎之上，而是喜歡「東施效顰」，看到別的行業獲得成功，便盲目跟風。尤其在企業進軍新產品的問題上，缺乏獨立判斷，熱衷於緊隨大勢，人云亦云，致使企業戰略高度雷同。所以說正確、合理、因地制宜的企業戰略，對企業的發展尤為重要。

施正榮：中國光伏產業的「金色陽光」

施正榮，這是一個陌生的名字。除了太陽能電力行業的專業人士，很少有人知道，然而正是這個瞄準發展江蘇省無錫市太陽能產業的「洋博士」，悄悄地將中國光伏產業與世界水準的差距縮短了十幾年。

施正榮師從「世界太陽能之父」馬丁‧格林教授，個人持有十多項太陽能電池技術的發明專利，是世界上首個攻克「如何將矽薄膜生長在玻璃上」的人。

一九八七年，一個出國留學的機會出現在眼前。「那個年代，國內的機會遠沒有現在多。我希望有機會出國，希望得到更多的發展機會。」這種願望強烈地刺激著施正榮，而這也成為他改變自己命運的契機。

得益於紮實的英語學習基礎，施正榮參加英語水準考試，最終以優異的成績順利地抓住了出國機會。一九八八年五月，施正榮赴澳洲新南威爾士大學物理系進修。

為了讓妻子也能到國外讀書，施正榮一到週末就到處去找工作。為了能掙到足夠的錢，從不燒菜的施正榮，硬是學下了廚師證書，做起美國菜；在大陸習慣深居簡出做科研到深夜的施正榮，也放下知識份子的架子，到咖啡館連續洗碗十六個小時。

一番艱辛後，一九八九年，施正榮順利地把妻子接到澳洲，一家人重新團聚。

畢業以後，施正榮希望能夠繼續深造。「一開始想進物理系，但當時那個實驗室因為資金不足，沒有能力再接收新成員。

一次無意中看到廣告，說電子工程系要招兼職研究員，我馬上跑去應聘，可是實驗室已經招滿人。但對方很熱情，還是讓我參觀了實驗室。」

恰恰在幾乎絕望的時候，新的機遇出現了。有人介紹說，二樓的馬丁‧格林教授要招人。

毫無顧忌和膽怯，施正榮立刻跑到馬丁‧格林教授實驗室，並敲開門。「出來一個高大英俊、風度翩翩的教授，著實把我鎮住了。」施正榮向馬丁‧格林教授講明前來拜訪的目的。「一開始，他並不想要我。但我告訴他，我只是想找兼職工作，只想再深造時，他同意我留下了。」施正榮自我評價說，「也許我的性格中就是有一種執著的精神，才能一步步走到今天。」

師從這位全球太陽能權威後，施正榮開始從事太陽能電池領域研究，他的專業也開始徹底轉變。多年的辛勤奮鬥、來之不易的求學機會，讓施正榮倍加珍惜當時的機會。

施正榮沒有浪費這個寶貴的機會。僅用了兩年時間，他就獲得太陽能電池研究領域博士學位，成為新南威爾士大學歷史上攻讀博士學位時間最短的博士生。

一九九五年，以馬丁‧格林教授和施正榮的研究成果為基礎，實驗室獲得了五千萬美元的投資，並成立了太平洋太陽能電力有限公司。「當時，我是公司的科研主管，並參與公司的管理經營。」

施正榮在主持研究多晶矽太陽能薄膜電池的開發研究期間，在國際雜誌和專業會議上發表論文一百五十餘篇，個人持有十多項太陽能電池技術發明專利。

二○○○年初，施正榮告訴在澳洲生活多年的家人，自己準備回去創業。

花了一個禮拜時間，施正榮用中文一口氣寫完了一份「商業

計畫書」，開始了歸國考察之旅，有點像春秋戰國時那些飽學之士週遊列國，尋找「伯樂」的樣子。

在無錫當地的一次論壇上，作了一個關於太陽能產業發展的報告之後，施正榮便被無錫市政府領導看成「千里馬」留了下來。當地政府甚至動用了行政影響力，為施正榮準備創辦的「尚德」公司拉來了「小天鵝」等八家股東，總共計畫投資六百萬美元，施正榮也拿出了自己在澳洲的兩年薪水四十萬美元，加上一百六十萬美元的技術參股，二〇〇一年五月，「尚德」宣告成立，業務是生產太陽能發電組件。

接下來的情況，並沒有施正榮預想得那麼順利！

「現在大家很能理解太陽能產業了，尚德剛開始的時候就不一樣了，政府把幾個股東拉過來，大家可能感覺那幾百萬美金有點要打水漂的。」施正榮很快面臨一個致命的問題，公司雖然已經「宣佈成立」，但股東們的出資掏得並不是很痛快，以至於廠房建設、設備購置也都進展緩慢，甚至於很快連員工工資都成了問題。

「從二〇〇二年三月到二〇〇四年底，我都帶頭只拿四分之一的工資。」這段日子，對今天的施正榮來說，已成了光榮的革命歷史。

回過頭來看，雖然施正榮自感歷經艱難，但相對而言，尚德的發展還是相當順利的。二〇〇二年，經過一年多籌備，尚德順利投產，第二年，便實現了九十多萬美元的盈利，同時開始成倍擴產，到了二〇〇四年，尚德已經獲得了近二千萬美元的利潤，二〇〇五年達到了五千萬美元。

施正榮被美國《時代》週刊評為「全球環保英雄」，在二〇〇七年，作為唯一的企業家，成為「綠色中國年度人物」；二〇〇八年，被英國媒體評選為「可拯救地球五十人」之一。

　　在技術上佔據優勢並不意味著創業一定成功，決定成功的因素有很多。而把握市場很關鍵，施正榮說過：「知識份子創業，一定要明白一個道理，技術不是唯一的，往往技術出身的人都把技術放在第一位，但企業要把市場放在第一。一切為了市場，一定要有盈利，要克服那種『臭老九』的清高習慣，整合資源。」施正榮不僅僅是一個成功的知識份子，更是一個成功的商人，產學結合是他永遠領先的不二法門。

　　施正榮有著技術上的領先優勢，但這並不意味著成功的必然。只有企業在每個方面都做到領先一步，成功才是必然的。機遇加上實力，幾乎成為許多企業家的成功定式。可以肯定，幾乎所有的成功者都是在自身實力的基礎上，看準時機，及時捕捉，藉此而衝向目標，取得成功的。有了機遇還不夠，還要有實力，而實力就是要善於觀察，有時是對生活的一種衝動。作為企業領導者，必須具有放眼大局的開放視野，有長遠的眼光，務實創新，能夠做出正確的決策，迅速行動，全力以赴。

李曉華：搶佔先機，超前別人一步

在創業者追求成功的道路上，第一要素就是要有敢想敢幹的膽量和永爭第一的氣魄。成功需要敢想敢幹，更需要突破現狀的勇氣。

曾經有這樣一個故事，說的是一個教授在課堂上問學生：世界第一高峰的海拔是多少？第一個登上月球的人是誰？學生們都馬上回答出來了。但是當他再問「世界第二高峰的海拔是多少？第二個登上月球的人是誰」時，很多人回答不出來。然後教授說，要做第一個，才容易讓人記住，做第二個，幾乎等於白做，很少有人會記得第二名。

的確，做什麼都要爭第一，要趕在前頭，如同張愛玲所說「出名要趁早」。

不知道李曉華有沒有讀過張愛玲的這句話，但是他的創業歷程卻說明瞭「發財要趁早」這個道理。

李曉華一九五一年出生在北京一個普通的工人家庭，兄弟四個，他排行老三，父親正直嚴厲，母親敦厚。在那個缺衣少食的年代，他童年時就體驗了饑餓的含義，養成了性格中最深沉最質樸的東西。受父母的影響，少年時期他就懂得了只有努力才能獲取的人生道理。

一九六八年，十六歲的李曉華被捲入上山下鄉的大潮，同成千上萬的知識青年一道去了北大荒。在黑龍江生產建設兵團，他一幹就是八年。艱苦的生活使他過早地飽嘗了愛與恨、生與死、痛苦與無奈，但是當他看到自己親手播撒的種子變成了累累果實

時，他體驗到了一種從未有過的收穫的喜悅，豁然領悟到了人應當如何珍惜一切美好的東西，懂得了如何用自己的努力贏得收穫。

八年磨練之後，李曉華終於輾轉回到北京。他不忍心再給操勞了半輩子的母親增加負擔，開始了一個男子漢的拼搏。為此，他當過鍋爐工、炊事員，還做過販賣服裝的小本生意。

一九八一年的夏天，還只是個小個體戶的李曉華到廣州進貨時，在廣交會的展臺上看見了一台製冷的飲水機，在當時的大陸這是新生事物，沒有幾個人看過這種玩意兒。李曉華馬上就出了神，想到了北戴河夏天的沙灘上擠滿的遊人。他馬上想盡辦法籌錢，用了三千元（對當時的一般人來說就是鉅資了，而他那時的總資產也才四千元），還給展臺負責人送了一條煙，又請他吃了一頓飯，才買下了這台飲水機。而他的飲水機在北戴河的沙灘上一出現，馬上就出現了遊人排隊買水的火暴場面，每天收來的鈔票，都得雇兩個人來數，才兩個半月，李曉華就賺了二十萬元。

然而當不斷有人問李曉華的飲水機是從哪兒買來的時候，感覺到潛在競爭威脅的他，就開始準備隨時撤退，去搶佔另一個行業的制高點。一次，他偶然得知北京開了一家專門放映港臺電影的錄影廳，從未看過港臺電影的他，馬上買了張八元的門票，進去一看，一百多個座位的放映廳裡連坐帶站擠了三百多個人。他只看了五分鐘就有了一個決定。

走出錄影廳後，李曉華忍痛把幾乎等於印鈔機的飲水機原價轉賣。一九八二年初，李曉華在離他賣冰水不遠的地方，開了一家錄影廳，結果沒幾天，放映電影的小屋就被蜂擁而來的人給擠塌了，比他賣冰水的場面還火暴。而不出他的預料，這年的春天，北戴河的沙灘上出現了數以百計的飲水機，競爭慘烈，早沒有什麼可以發大財的餘地了。

就在這個夏天，李曉華成了大陸罕見的百萬富翁。李曉華並不滿足於當百萬富翁，更不願意守著金錢過舒服日子。經過一番考慮，他東渡扶桑，去了日本。他一邊打工一邊學習日語，曾經在餐館裡洗過碗端過盤子，也在日本商社裡當過學徒。這段生活留給他的最大收穫，是學到了日本人堅韌不拔、刻苦認真的精神。

一年以後，他開辦了自己的公司。憑著敏銳的商業眼光，他爭取到了「章光101毛髮再生精」在日本的代理權。在他的積極運作下，「101」產品在日本家喻戶曉，李曉華的名字也為愈來愈多的日本人所熟知。他被日本新聞界稱為「中國學子中的佼佼者」，日本首相中曾根康弘也親自接見了他。在一九八五年，別人還在為「萬元戶」沾沾自喜時，他已經成了億萬富翁。

在日本獲得成功後，李曉華仍然沒有停下腳步。接著，又是他第一個在香港回歸前看準機遇，堅信改革開放的政策不會變，傾盡所有，收購香港人為了移民而拋售的跌價樓盤房產，不到半年，房價翻幾倍，他再一次大獲全勝。再之後，他聽說馬來西亞因為發現了一塊油氣田而要修一條公路，又貸款買下了這條公路旁邊的土地，當半年後，政府正式公佈發現油氣田的消息後，他將買下的土地以購買時幾倍的價格全賣了，他又一次成了商場上的大贏家。

他迎著風險開「頂風船」，當別的商家紛紛退縮撤退的時候，他卻正確分析形勢，選擇了進攻。他看準時機買樓、賣樓，還沒等人家從膽戰心驚中緩過神來，他已再次獲得成功。就這樣，李曉華以過人的智慧和勇氣，完成了自己的創業「三步跳」。

他的事業如日中天，不但在香港、日本、歐美建立了自己的公司，還在大陸數省投資開工廠，業務領域包括房地產業、機械

製造、家用電器、塑膠製品、商業投資、食品加工、餐飲娛樂和旅遊業等。他成了名副其實的實業家，成為大陸內地屈指可數的億萬富翁之一。

李曉華現在的光環很多：一九九六年國際小行星命名委員會將一顆編號為 3556 號的小行星命名為「李曉華星」，他是美國《財富》雜誌評出的內地最傑出、最富有的民營企業家之一，他受到過安南、布希、霍克等世界知名領導人的褒獎和很多大陸高層的接見，他是第一個同時榮獲聯合國頒發的「科學與和平獎」和「和平使者獎」兩個獎項的中國人……

而李曉華成功的最重要的原因之一，就是做什麼都趁早。正是因為「做什麼都要趁早」的思想，使他總是趕在別人前頭發現機遇，並及時抓住，最終成為大贏家。

在財富的路上，李曉華沒有重複自己成功的路——他總是在自己做得正紅火的時候「急流勇退」，然後冒險進入另一個新的領域。這實際上是符合商業規律的。在李曉華自己看來，他的商業遊戲規則就是「急流勇退」，只有這樣，才能保持自己的資本，才能發現新的機會。

 淘金點評

　　「用最小的成本，獲得最大的利益。」是每個當老闆的人都要思考的問題，特別是對創業初期的老闆尤為重要。「以小搏大」可算是一種冒險行為，李曉華是敢冒險的，而且是善於冒險的。只有善於冒險，才能開拓前進並成就大事。從短期上講，有時冒險可能會失敗，但從長遠上講，冒險有得有失，而得往往遠大於失。做任何事情或多或少都有些風險，但風險背後同時蘊涵著巨大的商機，成功的創業者都是善於趨利避害的。

Chapter 04

保持敏銳商業嗅覺，
把握有利創業契機

江南春：等電梯等到的商機

「樓宇電視廣告的分眾觀念是我的一閃念而來的。」江南春這樣輕描淡寫地談到這個重要的分眾發明。分眾傳媒這條獨特的發展之路，現在人們看起來是理所當然的，對於江南春而言，或許也只是將一個瞬間的念頭變成現實那麼簡單。

事實上，很多事情說起來容易做起來難。要從紛繁複雜的事情中，想到一個好的念頭並不是一蹴而就的，而是需要多年經驗的積累。江南春十多年的廣告生涯，讓他知道消費者需要什麼，廣告主需要什麼，廣告媒體能夠做什麼。做到如此，想不成功都難。

一九九四年，港資永怡集團為了整合旗下公司品牌，出資一百萬元讓江南春組建永怡傳播公司──一家以創意為主的廣告代理公司。江南春此時雖然還只是華東師範大學中文系三年級的學生，但言談舉止以及生意場上的談判風格，已經是一個老練成熟的公司老闆，而且已在廣告行業工作了很長時間，因此被委以重任。

不過永怡傳播公司成立後，依附於當時的永怡集團，江南春並不是法人代表，只擁有公司管理權而沒有所有權。為了儘快將公司收歸己有，江南春必須拼命賺錢，通過「還款」或者「購買股份」的方式，讓自己成為永怡傳播公司真正的主人。

於是江南春馬不停蹄地四處打拼。當時無錫正在大張旗鼓地進行市政建設，江南春以上海市的「燈光改造工程」，遊說無錫市政府在商業繁華地點建立燈箱廣告，憑藉「讓無錫亮起來」的

策劃方案，拿下了無錫的燈光工程。這個工程成本只有百萬元，而收益卻是六、七百萬。

由於前期的製作費用是無錫市財政局作為市政工程給貸的款，所以江南春沒有投入一分錢，就一鼓作氣在無錫做了五百個燈箱廣告。「借你的錢，做你需要的產品，產品做好之後，你再用我要求的價格買回去。我來的時候帶著創意和能力，走的時候口袋裡裝滿了錢。」這就是江南春的「借雞生蛋」。憑藉著這樣的不懈努力與幹勁，江南春擁有了第一個五十萬，從而真正意義上擁有了永怡公司的管理權和所有權。

戶外廣告商機使江南春淘到了第一桶金，創業小成的他重新從無錫回到上海，專心經營永怡傳播。

除了積累了一定資金，江南春還在與客戶打交道的過程中積累了人脈，這些人後來都成了江南春的良師益友，推動了江南春在廣告傳媒領域的成功。一位臺灣客戶還給他帶來了當時大陸市場上罕見的廣告書，這些廣告書籍，讓江南春確立了自己的人生軌道和未來事業前景，以及發展的方向，他夢想著有一天能與國際 4A 級的廣告公司一爭高下。

江南春從小到大都愛讀詩、寫詩，許多人都說他擁有詩人的情懷，正是這種情懷，幫助他大學畢業之後就在廣告業中站住了腳，有了自己的公司。

每一位客戶看過他所做的廣告，都說他做的廣告與眾不同，充滿了詩情畫意，讓人平添了幾分喜愛，所以許多客戶都把自己的廣告交給江南春做。可惜這種在廣告業吃香喝辣的日子，只過了幾年，到了二〇〇一年，江南春手上的客戶就越來越少，因為爭飯吃的廣告公司越來越多，而且這些廣告公司為了在競爭中勝出，相互壓價，甚至不惜血本也要把別的廣告公司排擠出去。

江南春做夢都沒有想到自己在廣告業的冬天這麼快就來到

第一桶金的秘密

了。公司運轉越來越艱難，原來自己瞧不上眼的餐廳小廣告，現在都得江南春親自上門賠著笑臉才能夠拿來做。江南春開始懷疑自己是不是入錯了行，當初怎麼就一頭鑽進了廣告業，使得現在越做越累，越做越看不到前途。

正當江南春為了自己廣告公司的生意一籌莫展的時候，他的好友陳天橋打電話讓他去喝茶。江南春以為陳天橋還在做創業小網站，因為這個網站的廣告一直都是江南春的公司做，於是江南春一見陳天橋就問：「怎麼？你小網站最近不錯，又要增加廣告了？」陳天橋一聽，意味深長地笑了，他拍了拍江南春的肩膀說：「老兄，你的眼光跟不上世界的發展了，我已經在做網路遊戲了，你竟然都不知道。」

「網路遊戲？」江南春吃驚地看著陳天橋。陳天橋又笑了，他說：「不相信，問問我老婆，我是不是在做『傳奇』的網路遊戲，而且我的遊戲同時線上的人數現在已經達到了十一萬人。」江南春一聽說同時線上十一萬人，不由得驚呼：「十一萬人！那你一個月不就有上千萬的進帳！」

陳天橋看著滿臉驚詫的江南春，不由得再次大聲地笑了起來。

和陳天橋告別之後，江南春的大腦之中，不時地浮現出十一萬人同時線上的鏡頭，越想越覺得有意思，越想越覺得自己的廣告也應當換一種模式去做，可怎麼做，江南春的大腦中還是一片模糊。

一天，江南春和一群人百無聊賴地站在電梯間的門口等電梯，電梯很久都沒有來，這時江南春發現身邊的一位中年人正盯著電梯口的粘貼廣告細瞧，正是身邊這位中年人的舉動，讓江南春靈感乍現。江南春心想，如果我把粘貼廣告換成液晶顯示器，那麼每一位在等電梯的人都會仰著頭看我的廣告啊，想到這裡，

江南春的嘴邊露出了那段日子以來難得的笑容。

　　說幹就幹，江南春找到一家生產液晶顯示器的廠家，專門訂做了三百台價值八千多元的三公分厚的液晶顯示器，首先在上海最好的五十棟辦公樓裝上了這批液晶顯示器，分眾傳媒從此誕生了。

　　幾個月以後，那些知名品牌的企業老闆都慕名而來，要求和江南春合作，就這樣，二〇〇三年還沒有到的時候，江南春的手裡就拿到了二〇〇三年一、二月份的二百多萬元的廣告訂單。

　　有了第一次的成功，江南春又開始把目光轉到北京、天津、大連等四十多個大中城市，廣告媒介由原來的三百台液晶顯示器發展到一萬二千多台，廣告覆蓋數千萬中、高檔收入人群，收益也從最初一個月一百多萬元的總營業額，提高到現在每月營利一千多萬元。

　　如今，江南春又將分眾傳媒的業務推向新加坡、印尼等東南亞地區，江南春說，我要讓世界上那些等電梯覺得無聊的人，都能看到我做的廣告，我的廣告幫助他們打發了無聊的時間，他們也幫助我賺到了企業的廣告費，一舉兩得。所以說成功有時候並不是很難，只看你夠不夠敏銳，一個懂得利用各種機會的人，就是在別人覺得百無聊賴的時光裡面，都能夠挖掘出金子。

　　江南春喜歡用「創意、創造、生意」的口頭禪，來說明他從詩人到商人的轉變。曾經寫詩的經歷讓江南春容易投入，善於思考更本質的關係，也更容易調動他的激情和創造力到他喜歡的新媒體事業裡面去。江南春善於捕捉別人沒有發現的商機，並全心的投入，有著不達目的絕不甘休的幹勁。創業者只有養成這種善於思考、勤於總結的習慣，才能總是想在別人前面，走在別人前面，永遠領先一步。

「凡戰者，以正合，以奇勝。故善出奇者，無窮如天地，不竭如江河。」《孫子兵法》中的「出奇致勝」，同樣可以靈活運用在生意之上。發掘別人沒發現的產業模式，才能賺大錢。而要想找到別人尚未發現的富礦，需要的不僅僅是一時的靈光閃現，更是自己對該行業的長期瞭解和熟知。也就是說要想做到「出奇致勝」，必須先做到「知己知彼」。

張茵：白手起家創造巾幗傳奇

　　作為一名女性創業者，在為企業制訂戰略決策的時候，張茵具有超人的魄力和眼光。張茵的成功，證明了在一個平凡的小行業裡，一樣可以做出一番不平凡的大事業。只要能立足自己的行業，把握市場的動態，就會發現其實創業並不難。只要努力，摸索出適合自己發展的空間，用智慧來運籌，就會像一隻乘風破浪的大船，在波濤洶湧的大海裡自由航行。

　　張茵幾乎是一夜之間冒出來的傳奇富翁。在玖龍紙業上市之前，相信大陸企業界沒有幾個人知道或注意過她以及她的企業，傳媒引導著公眾的目光，聚焦在那些熱門行業的明星企業上。沒有人想到，大陸當時的女首富在大家都不注意的一個角落裡悄悄地成長著……

　　廢品回收歷來被認為是一個上不了檯面的行當，大多數人都不屑為之。然而誰能想到，就是在這樣一個乏人問津的行業裡，卻走出了一位億萬富翁呢！當年，張茵在高人的點撥下投身於廢紙回收行業，並從中看到了非常可觀的發展前景，於是這一幹就是二十幾年，最終成就了「廢紙回收大王」的美譽。這當中包含了「天時、地利、人和」的機遇，更包含了張茵果斷抓住機遇的能力和膽氣。

　　造紙術是聞名世界的中國四大發明之一，印證著中國幾千年的文明發展史。然而誰又曾想到，在它誕生的幾千年後，一個出生於東北軍人家庭的女性，把它再次推向了輝煌的頂點，靠著這一張張紙，張茵開創了一條屬於自己的創業之路。

說起張茵的造紙歷程，還得從廢紙回收開始。

張茵是一個飲水思源的人，至今仍念念不忘把她領進這個行業的「師傅」——內地某造紙廠的廠長：「開始我並不願意做這一行，但師傅說，廢紙就是森林，將來造紙業肯定要從資源造紙向再生紙發展。就這樣，我入了行，並且做得很成功。現在師傅八十多歲了，我還經常去看望他，師傅的孩子也在我的公司裡工作。」

有句古話：師傅領進門，修行在個人。師傅只是指給了張茵一條創業的道路，而在這條創業的路上所有的光榮與夢想，則是靠張茵一個人艱苦「修行」而來的。

大學畢業後，張茵在工廠做過工業會計，後來曾在深圳信託下屬的一個合資企業裡擔任財務工作，直到在一家香港貿易公司做包裝紙的業務。一九八五年，二十八歲的張茵辭去了工作，開始創建自己的事業。

正如「師傅」所料，傳統的稻草漿造紙正在向循環再生環保造紙這個領域快速過渡。張茵很快瞭解到內地紙張短缺的情況，並看準了其中巨大的市場潛力。大陸森林資源相對貧乏，特別是造紙用速，森林建設嚴重滯後，因此大部分高檔紙的原料，都依賴於進口的廢紙和木漿（大陸廢紙收集體系不健全，且級別不夠），發達國家和地區的廢紙，成為解決大陸造紙原料瓶頸的重要途徑。這個門檻不高、被稱為「收破爛」的行當吸引了不少客商，香港則成為他們最重要的集散地。於是張茵在香港做起了廢紙回收生意。

在香港入行後，張茵一直奉行的準則就是：牙齒當金用，也就是誠實守信、堅持品質第一的意思。她的紙漿裡沒有摻過一滴水，但是這樣做卻觸犯了同行的利益，她被認為是違反了「行規」，並因此多次接到黑社會的恐嚇電話，就連合夥人也欺騙

她，偷偷往紙漿裡面摻水，但是張茵沒有因此而退縮。最後，她豪爽的性格和公道的準則，招攬了更多的人跟她做生意。「香港從事廢紙回收的雖然都是些文化程度較低的人，但他們都特別講信義，與我也特別投緣。以至於後來我要到美國發展的時候，他們都很不高興。」回憶起那段歲月，張茵曾不無感慨地說。

香港生產力促進局首席代表何衛寧曾經評價道，在當時的香港，從事廢紙回收行業的人地位是很低的，很少有人願意從事這個行業，而張茵作為一個女性，能夠選擇它並且做出很大的成績，在當時的環境來說是相當不容易的。憑藉自己良好的信譽，再加上正好趕上了香港經濟發展的蓬勃時期，所以只用了六年時間，張茵就完成了原始資本的積累。而在這六年中的另一個收穫，就是張茵遇到了她日後的夫君，也是她事業的夥伴——臺灣人劉名中。

經過幾年的發展，張茵在香港的廢紙回收生意得到迅速發展，自己的紙行和打包廠也應運而生。

不久之後，長遠的眼光和敢闖敢幹的性格，使得張茵意識到，香港雖然算得上是一個廢紙回收的集散地，但它終究也只是一個小小的島嶼，它的廢紙資源、廢紙品質、廢紙數量，遠遠不足以實現張茵「廢紙回收大王」的夢想。為了尋求更大的發展，就必須把生意做到世界最大的廢紙原料市場美國去。於是一九九〇年二月，至今仍不會講英文的張茵和丈夫，毅然將事業的重心遷往美國，在美國成立了中南控股公司，主營廢紙回收業務。剛到美國，張茵就為自己訂了一個目標，儘快成為美國的造紙原料大王。

如果說張茵在香港的創業是靠勤奮和勇氣獲得成功的話，那麼到美國後更多的則是靠她的智慧和多年累積的行業經驗。在美國，張茵同樣延續了在香港經營時期的誠信作風：「即使是虧

損，也要講信譽。」憑藉著這種作風，張茵很快成功地和許多客戶建立了長期、穩定的貨源供給網路。

在貨物運輸環節上，張茵用女性特有的細心，發現了一個難得的機遇。

當時，大量運送出口貨物的集裝箱回到大陸時都是空返，利用這個絕佳的機會，張茵只用了極低的運費，就把美國的廢紙運到了大陸。「當時每船都有我們的貨。從廢紙出口來講，我們是中遠最大的客戶。」張茵曾不無得意地說。而事實也正是如此，二〇〇二年，據美國港口海運研究機構的統計，美國中南的出口集裝箱總量，甚至超過了通用電器公司和杜邦公司的出口總和。近幾年，中南更是已經成為歐美最大的紙原料供應商，年出貨總量超過了五百萬噸，這意味著要用二十萬個 3.66 公尺標準的集裝箱來裝載和運輸！據不完全統計，美國每年可再生利用廢紙中有七分之一被中南輸出，而大陸再生造紙原料的四分之一以上則由中南供給。

就這樣，中南以低廉的價格在美國回收廢紙，再以低廉的運費運回大陸。張茵夫婦以其獨到的商業模式，開創了日進斗金的生意，也為大陸造紙行業種下了一片廣袤的「森林」。

在美國的十年裡，張茵建立的美國中南控股公司，先後建起了七家打包廠和運輸企業。一九九七年美國評比出婦女企業五百強，中南公司名列第九十五位，而張茵是其中唯一的大陸女性。在近幾年的排行榜上，張茵的位次逐漸提升，成為名副其實的「廢紙回收大王」。

「心有多大，舞臺就有多大」，張茵立志成為「全美最大的廢紙回收大王」，因為她敢想敢做，所以她成功了。

敢於放棄優厚的工作條件，選擇開創自己的事業，而且是廢品回收這樣一個行業，我們不得不說張茵是一個具有戰略眼光、

專注而堅定的女性。

　　傳統的小行業也能出大英雄。成功與否，不在乎你所從事的行業是否偉大，而在於你是否能專注地把事情做到最好。張茵的成功，提供給人們一個看問題和創業的新角度。

　　前瞻性的戰略眼光、成功的縱向一體化構建，以及對產業鏈的優化把握，造就了張茵的創富之路。對於一個成功的經營者來說，他應該能預見到的不僅僅是一、兩年，而且是幾十年的市場變化。企業的發展，要求領導者具有預見力，抓住公眾需求、社會變化趨勢，制訂不會失之偏頗的合理的發展規劃。計劃性強的創業者無論從事哪一項活動，都會制訂週密的計畫，然後按照計畫目標，紮紮實實地穩步發展。

孫正義：時刻保持「前瞻性和敏感性」

　　在許多局外人看來，創業就是一個創意，一個專利技術，一筆風險投資，幾個年輕人，占一片市場，弄到股市上，一夜暴富，像一個神話和夢想。但是創業並非如此，遠不如局外人想像的那麼簡單。成功的創業者告訴人們，經濟市場裡充滿了機會，但並不是每個機會都適合創業者。一個創業者要想在市場上生存下來，必須時刻保持敏銳的嗅覺，這樣才能發現真正適合自己的機會，並及時地抓住它。

　　十九歲的時候，孫正義就給自己訂下了一個五十年的人生目標，他計畫在三十歲之前闖出一番名號，在四十歲以前累積至少一千億日元的資金，在六十歲以前完成事業（營業額規模至少達到一兆日元），在七十歲以前把事業交給下一代。這樣的人生目標，也只有孫正義敢在十九歲的時候設訂，每一個當時知道他人生目標的人都說他是異想天開。

　　孫正義的父親是一家撞球店的老闆。撞球店的生意天晴時還算理想，一碰上雨天，便不盡如人意，父親對這靠天吃飯的撞球店感情很深，孫正義卻不以為然，他當時就打定主意，若是將來經商，一定不做這種靠天吃飯的生意，他要自己把握命運。

　　高一那年，孫正義有機會去美國加州參加一個英語短訓班。在加州，那裡自由、樂觀、開放的氛圍深深感染著孫正義，他做出了生平第一個大膽的決定，遊說父母同意他赴美留學。生性傳統的父母，早已知道兒子的世界不屬於撞球店內的方寸天地，他們同意了。一九七四年二月，孫正義重新呼吸到了加州自由的空

氣。那一年，他不到十七歲。

　　一九七五年九月，孫正義到加州柏克萊大學攻讀經濟專業。在大學，孫正義和許多同學一樣也要勤工儉學，但他的想法不是靠洗盤子賺錢，而是依靠「發明」賺得生活費用。孫正義搞「發明」有他奇特的一面，即從字典裡隨意找三個名詞，然後想辦法把這三樣東西組合成一個新事物。他每天給自己五分鐘來做這件事情，做不了就拉倒。一年下來，竟然有二百五十多項「發明」。

　　在這些「發明」裡，最重要的是「可以發聲的多國語言翻譯機」。它是從字典、聲音合成器和電腦這三個單字組合而來的。

　　現在，我們很多人的電腦裡面都裝著翻譯軟體，孫正義的發明所實現的功能與之很類似。他要做的是在機器裡輸入日語——我們以日英翻譯機為例——機器就能自動地發出與其相對應的英語的聲音來。有了這樣一個機器，一個不會任何英文的日本人就可以和美國人「說話」了。

　　天性有敏銳市場意識的孫正義，沒有忘記還要為自己的發明找到市場，經過百般遊說，他終於贏得了「半導體聲音合成晶片」的發明人，和參與「阿波羅登月計畫」的技術人員的青睞，依靠他們，孫正義的發明得以一步步完善。此後，利用假期回國探親的機會，孫正義不遺餘力地向日本的各大公司推銷自己的發明，最終，夏普公司對發明表示了興趣，給了一億日元買下了專利，這是孫正義掘到的第一桶金。

　　一九八一年，孫正義以一千萬日元註冊了軟銀公司。公司成立那天，個子不高的孫正義雄心勃勃地踩在一個蘋果箱上，向僅有的兩名雇員發表演講：五年內銷售規模達到一百億日元，十年達到五百億日元，若干年後，要使公司發展成為幾兆億日元、幾萬人規模的公司。孫正義的這番誓詞，讓公司的兩名雇員目瞪口呆，並認定他是個誇誇其談、異想天開的傢伙，他們認為這個其

貌不揚的矮子是不是神經病發作，信口開河，要知道剛建起來的軟銀公司，辦公室還只是租了別人的一間鐵皮屋，很快他們就辭職了。孫正義對此只是付之一笑。

員工走了，並且說自己是神經病，孫正義沒有生氣，因為他的內心明白，沒有人能夠真正理解他，也沒有人能夠真正走進他的內心。他堅定地認為，任何人的成功，的確需要一點瘋狂的想法和瘋狂的舉動，而這一切的依據，是這個人心中必定要存在堅定的信念。

孫正義接下來又做了一件讓所有人都目瞪口呆的事情。他把軟銀百分之八十的資本拿出來租賃大阪電子產品展銷會的展廳，並且把自己租下來的展廳，免費提供給各軟體公司使用，這些免費使用孫正義提供展廳的參展商一邊開心，一邊在心裡暗自思量孫正義是不是真的瘋了——這世上哪裡還有自己出錢搭好舞臺，白讓別人唱戲的人？可孫正義就是這樣的人。後來人們才明白，孫正義是為了藉助給別人提供舞臺的機會，擴大自己公司的影響力，從而一步步地成為日本最大的軟體經銷商。

等到人們明白了的時候，孫正義已經控制了日本軟體市場百分之四十的市佔率。孫正義公司的業績以成倍的速度飛速增長。他的手裡一下子有錢了，便開始四處投資，他把眼光投向了當時無人問津的互聯網。

有一段時間美國的矽谷都在流傳孫正義的故事，都說只要想在互聯網創業的人，能夠找到孫正義，然後把自己瘋狂的想法說出來，只要能打動同樣瘋狂的孫正義，那麼一切就 OK，孫正義也會毫不猶豫地向你投資，而且一投就是大手筆。

那個時候孫正義只要一出現在矽谷，人們就說瘋子投錢來了，孫正義一口氣在五十五家新開的網路公司共投資了三億五千萬美元。當雅虎公司的經理找到他，他又決定投給雅虎一億美

元。一億美元，給一家只有幾名大學生，而且月月虧損的公司，沒有人相信孫正義這是在投資，都說他是在賭博。

「有一天，有位朋友找到我，說幾位剛剛從美國留學歸來的大陸學生想見我，並想請我給他們一些時間，聽聽他們關於創業的想法。我尊重所有有鬥志的年輕人，更尊重他們的智慧，我去了，三十分鐘——我只是聆聽了三十分鐘，便做出了令所有人震驚的決定，我先後投資了三億六千萬美元，給了這幾位年輕人創辦的還沒有一分錢利潤的互聯網公司，所有人都說我瘋了，其實我知道，這僅僅是我微笑的開始。」這是軟銀創始人孫正義面對媒體與主持人的一段回顧。

孫正義所說的幾位有鬥志的年輕人，領頭者是楊致遠，那家互聯網公司就是現在著名的入口網站雅虎。事實證明，孫正義與他剛剛結識的這幫年輕人一樣，具有智慧和無限的前瞻意識。一九九六年，雅虎在納斯達克掛牌上市，其股價一路追高，二〇〇〇年年初每股一度達到二百五十美元，而孫正義的平均成本大約為每股二點五美元，他僅僅賣掉手中的一小部分就換回了四億五千萬美元。從此，孫正義以一百倍的收益，成為華爾街的一個經典案例。

今天，雅虎每一年都支付給孫正義二百億美元的投資回報，這時人們才意識到孫正義不是在賭博，他具有一雙常人所沒有的投資眼光，所以很多人開始改口說孫正義是天才，而孫正義自己卻說：「我不是天才，我只是擁有一雙天才的翅膀。」

原來在孫正義很小的時候，他的父親就用「你就是天才」來鼓勵孫正義所做的一切，這樣的鼓勵讓孫正義始終相信自己就是真正的天才，所以是他的父親給他安上了天才的翅膀，讓孫正義有了天才的夢想、天才的思維和天才的行為方式。

雅虎只是開始，僅僅一年時間，孫正義投資並成為大股東的

公司就達三百家,這些公司清一色與互聯網存在「姻親」關係。有人這樣分析孫正義的經營模式:投資一家在某一方面領先的公司,然後把它推到資本市場上去並少量套現,套現額以收回投資,並有一部分投資利潤為度,然後用投資收益來再投資,再套現。這個做法既體現了他「長期投資互聯網」的戰略,又在總體上有效地控制了投資風險。

在他的商業帝國內,孫正義打碎了日本式的管理模式,而執行著一種新的生存法則。

孫正義是軟銀的創始人、總裁及首席執行官,當互聯網還處於萌芽狀態時,許多投資商表現著矜持和觀望的態度,而孫正義成了最早一批「吃螃蟹」的人。他果斷地投資並認定了一批早期的互聯網公司,使其贏得業內「真正意義上互聯網革命先鋒」的美名。今天,軟銀在全球已經投資了超過四百五十個互聯網公司,並成為一些一流的互聯網公司的主要股東。

之後,孫正義建立了一個由美國和日本的互聯網公司組成的廣泛聯盟,創建了電腦跨國公司。目前軟銀是由六十四家創收中心組成的網路來管理,而不是採用金字塔式管理。顯然,孫正義想讓他的帝國成為一個巨大的資訊市場中心。而讓世人震驚的是二〇〇〇年的二月,軟銀的股價達到六萬日元(複權價),它相當於發行價的九十倍。

難怪有記者採訪孫正義的時候,會問孫正義,那麼多的人都說你做事不循常規,異想天開,你怎麼就不顧忌別人對你的這種看法?孫正義說:「是的,我經常像別人說的那樣異想天開,因為我明白一個人連異想都不敢了,他又怎麼能夠守得到天開?」難怪我們達不到孫正義那樣的成功,正是因為我們在生活中循規蹈矩,總是不敢嘗試超越一般的思維,如果我們也能像孫正義那樣經常異想一下,也許我們也能收穫到非同一般的成功。

　　創業的每一個環節都是必不可少的，對於創業者來說，找到一個很好的市場切入點很重要。這就要求他們時刻盯準市場，把握時機，果斷出擊。確立創業方向，是身為領導人的首要職責。如果一個人用了十幾公尺厚的資料來做事業選擇，如果一個人的目光看的總是幾十年甚至三百年後的事，想讓這樣的人徹底失敗，恐怕也難。

　　市場的變數很大，變是唯一的不變。我們也不要害怕變化，變化本身是公平的，所有人都必須面對的，我們要做的是更快地適應變化、駕馭變化，這就要求對外界情況的變化，保持高度的警覺、高度的敏感，具備高度的快速行動能力。

胡潤：機會是靠自己發掘出來的

　　作為大陸富豪榜的「始作俑者」，英國人胡潤自己多半也沒有料到，十年前的遊戲之作，時至今日竟然發展成了一份給他帶來上千萬元年收入的大事業。大陸富人階層迅速崛起，他們擁有的資產爆炸性增值，讓胡潤的富豪榜越排越長，花樣也一年比一年多，並且年年有新意。

　　一九九〇年，因為在日本學習時接觸並喜歡上了神奇的中國漢字，英國青年胡潤作為「交換學生」來到中國人民大學，當時他並沒有想到自己與中國的緣分有多深。遊遍中國的大江南北後，一九九三年，他回到英國，進入安達信公司工作，用了三年的時間通過了培訓、拿到了註冊會計師執照，可是他卻想辭職創業了。正在他準備遞交辭呈時，上司卻突然問他想不想到上海工作，他欣然同意了。

　　一九九七年，胡潤到了上海，滿眼看到的幾乎全是亂糟糟的工地，但冥冥之中，他卻覺得這種「混亂」之中所包含的機會，要比一切有條不紊的倫敦多很多。可是作為安達信上海公司職員的他，儘管每天都瘋狂地工作，也有機會和聰明的人共事，把最賺錢的公司變成客戶，但是他夢想中的機會卻從來沒有出現過。

　　那年的年底，胡潤覺得自己二十七歲了，還沒有找到人生的方向，心裡無比彷徨，於是他撥通了父親的電話，向父親傾訴在大上海闖蕩不出名堂的苦悶。而父親在靜靜地聽完了他的訴說之後，只問了他一句話：「你有沒有想過，在中國、在上海，你是誰？」

　　「是啊，我是誰？」父親的話讓胡潤心中無比震撼，就在那一刹那，他明白了，自己現在什麼也不是，就沒有資格抱怨成功沒有青睞自己，只有想辦法讓自己出名，讓自己成為一個「誰」，機會才更有可能降臨到自己的頭上。

　　經過一番苦苦的思索，胡潤心中有了一個靈感——來到中國幾年，每一次與祖國的朋友閒談，朋友們都會問他一個問題：「中國怎麼樣？」看來世界對中國的關注度已經日益提升，而且外國人都喜歡聽有錢人的故事，他們也都有本國富豪排行榜的名單，但中國當時卻還沒有。於是胡潤興奮地想到或許可以由自己來做這件事情。

　　在大陸，這件事情從來沒有人做過，也沒有最直接的資料可以找，所以胡潤和他的兩個夥伴在業餘時間裡，用最原始的人工手段費時費心地來編排「中國內地富豪排行榜」。當時互聯網沒有現在這樣資訊方便，也沒有精彩豐富的財經報刊，他們只能利用所有能利用的時間，在上海圖書館裡仔細翻閱所有的報紙，挖掘中國最有錢的人。胡潤說，最簡單的一種判斷方法，比如柯林頓訪華時和哪位企業家握過手，這就是值得他關注的資訊。

　　就這樣苦幹了幾個月後，胡潤終於拿出了一份只能排出五十人的中國內地富豪排行榜。經過努力接洽，世界聞名的商業雜誌《富比士》對他的這份榜單表現出強烈的興趣，並且很快就把這份榜單發佈了出來，馬上就引起了轟動。

　　胡潤的名字因為他所編排的中國內地富豪榜而逐漸為世界所熟知，在把中國富豪的名字推向世界的同時，本來「誰」也不是的他，終於成功了。而胡潤說：「其實我什麼也沒有做，我只不過是把別人的高度作為自己的基石，當我爬上這些高度，它的高度也就成了我自己的。」

　　看一看這些富豪們的排行榜，就不難看出胡潤的成功也是必然的。縱觀人類的歷史，不難發現，每一個成功的人的奮鬥，都離不開別人給予的機會，所以一個人最要懂得的是如何藉助別人給予的機會、如何藉助他人的力量，達到自己的成功。文章中的胡潤，當然是最精通於此道的，他明白只有藉助別人的成功，才更有可能幫助自己成功，機會不是憑空出現的，是靠自己對市場敏銳的嗅覺，在繁雜的眾多他人的成功中總結、發掘出來的。

李彥宏：眾裡尋他千「百度」

　　百度於一九九九年底成立於美國矽谷。二〇〇〇年李彥宏、徐勇在大陸成立了它的全資子公司——百度網路技術（北京）有限公司。

　　百度這個名字來源於宋代辛棄疾《青玉案》裡的一句「眾裡尋他千百度」中的「百度」二字，這句詞有搜索的意思，正符合百度的業務方向，也象徵著百度對中文資訊檢索技術執著的追求。另一層意思就是努力把事情做到一百度，因為西方有「事情做到九十九度」就是做到頭的說法。

　　一九九一年李彥宏畢業於北京大學資訊管理專業，隨後赴美國布法羅紐約州立大學完成電腦科學碩士學位。在搜尋引擎發展初期，李彥宏作為全球最早研究者之一，最先創建了 ESP 技術，並將它成功地應用於 INFOSEEK/GO.COM 的搜尋引擎中。GO.COM 的圖像搜尋引擎，是他的另一項極具應用價值的技術創新。

　　正是北大的資訊管理專業讓他深諳搜索內涵，正是美國的電腦學業讓他掌握了電腦工具，正是互聯網讓喜歡新事物的李彥宏激動不已，原來還有個世界如此美妙。

　　美國八年的歷程改變了李彥宏的人生。李彥宏親身感受了矽谷的騰起：他先後擔任了道·瓊公司高級顧問、《華爾街日報》網路版即時金融資訊系統設計者，還在國際知名互聯網企業 Infoseek 任資深工程師。他為道·瓊公司設計的即時金融系統，迄今仍被廣泛地應用於華爾街各大公司的網站，他最先創建了

ESP 技術，並將它成功地應用於 Infoseek 的搜尋引擎中。

在道‧瓊負責金融資訊系統開發的三年，李彥宏過得很愜意，但是他並不滿足，《華爾街日報》幾乎每天都充斥著互聯網追捧出來的神話英雄的創業故事，這讓李彥宏心裡隱隱有了一股衝動——到矽谷去。

在矽谷這個「技術人員的創業天堂」，李彥宏如願以償地進入了當時在搜索方面技術領先的公司 Infoseek，全面負責公司的技術開發。不久迪士尼購買了 Infoseek 百分之四十的股份，這也讓習慣了矽谷自由之風的李彥宏感到了一些壓抑，他感覺自己在 Infoseek 的日子不會太長了，雖然這時候他已經擁有七十多萬美元的 Infoseek 股權。

作為技術人員而非決策者的事實，讓李彥宏時時處於被動，自己創業的想法不時在他心中萌動。而一九九九年應邀回大陸參加國慶典禮，則為他實現這個想法找到了最好的契機。於是自己創業不再只是心中的一個想法，而是變成了李彥宏人生奮鬥的方向。

當時身在美國矽谷，每天看到商戰無數，李彥宏問自己：再去加入這場商戰是不是已經太晚了？可是按照資訊經濟現在的發展速度，誰又能夠負得起不參戰的責任呢？

他要參戰！在美國一批搜尋引擎公司已崛起，而他選擇了回大陸創業。

創業的目標已經確定，接下來最重要的就是找到一位能夠與自己互補的創業夥伴。李彥宏對創業夥伴的定位是：善於市場運作與開拓，富有激情，能與自己風雨同舟的志同道合者。此時，李彥宏想到了自己的好友徐勇。徐勇是李彥宏剛剛闖蕩到矽谷的時候認識的，同是北大畢業的背景，很快讓兩人熟悉起來。徐勇曾在兩家著名的跨國高新技術公司擔任高級銷售經理，多次獲得

公司的傑出銷售獎。更重要的是生物學博士出身的徐勇，對互聯網有著極大的熱情，對矽谷的機制也頗感興趣。當李彥宏出版了《矽谷商戰》後，兩人更是經常在一起談論矽谷和互聯網的話題。‧

相似的背景，共同的志趣，將兩人連在了一起。

一九九九年十一月，就在徐勇與朋友共同拍攝的《走進矽谷》在史丹福大學首映的第二天，李彥宏把他約到家裡，開始了商談回國創業的「大事」。

龐大的中國市場＋深厚的技術背景＋放棄優厚待遇創業的決心，讓二人很快獲得了第一筆風險投資。一九九九年十二月，李彥宏和徐勇帶著一百二十萬美元投資，從美國矽谷回到北京中關村創建了百度。給公司起名字的時候，李彥宏羅列了三條規則：有中國文化的氣息；跟搜索有關又不要太直白；要簡單易懂。幾個條件綜合起來，讓他想到了辛棄疾的那句「眾裡尋他千百度」。「百度」這個簡單上口而又莊重大氣的名字，就這樣誕生了。

他回憶這段人生抉擇時說：「我小時候有很強的不服輸心理，越是大家不看好的事，我越是要做成。」「眾裡尋他千百度，驀然回首，那人卻在燈火闌珊處。」在經歷了陽泉──北京──矽谷──北京後，他才發現原來十九歲時所學的北大資訊管理專業，就註定他終身的追求在「搜索」上。經過多年努力，百度已經成為大陸人最常使用的中文網站，全球最大的中文搜尋引擎，同時也是全球最大的中文網站。

在李彥宏領導下，百度不僅擁有全球最優秀的搜尋引擎技術團隊，同時也擁有大陸最優秀的管理團隊、產品設計、開發和維護團隊；在商業模式方面，也同樣具有開創性，對大陸企業分享互聯網成果起到了積極推動作用。目前百度也是全球跨國公司最

多尋求合作的中國公司，隨著百度在日本公司的成立，百度加快了走向國際化的步伐。

Jupiter 研究公司高級分析師馬修稱，搜索是瞭解和影響用戶行為的一個最大的機會。李彥宏打出口號：「活的搜索，改變生活。」

「搜索是百度成功的所有秘密，」李彥宏說：「這是互聯網使用者最常用的服務之一，越來越多地影響著互聯網產業，百度就是一個佐證。」

創業與守業沒有哪家公司會一帆風順。在百度成立初期，有記者寫文章「八問百度」，其中很多問題是針對其客戶資源和利潤增長點。現在看來，當初的一些擔心並非多餘，百度成立半年內狂掃大陸入口網站，佔領了大陸搜尋引擎百分之八十的市場，但後來一些客戶投靠了谷歌，有的自立門戶自己開發搜索，市場的競爭是殘酷的。

李彥宏總結百度風風雨雨四年中，面臨了兩次重大挑戰：一是創業初期，拿著一百二十萬美元做公司，原計劃六個月花光的錢，公司做了一年計畫，所以堅持了九個月等到第二筆融資。如果燒錢，就沒有今天的百度。二是當世界所有使用人氣質量定律的搜尋引擎公司，要嘛遭人收購，要嘛推遲上市時間，百度根據李彥宏總結的搜尋引擎第三條——自信心定律推出競價排名。定律指出，搜索結果的相關性排序，可進行競價拍賣。誰對自己的網站有信心，為這個排名付錢誰就排在前面。這樣開創了真正屬於互聯網的收費模式，使百度的目標群體瞄準數十萬的中小企業網站。這種模式提出後遭到了董事會成員的一致反對，但在李彥宏的強烈要求下，這種模式還是在董事會通過了。

直到現在，百度仍然以搜索網站和競價排名為主要的業務利潤增長點，以大陸數量巨大的中小企業為主要客戶。事實證明，

李彥宏當初的決策，使他和他的百度都取得了巨大的成功。

李彥宏找到了搜尋引擎的出路。面臨市場變化，見過無數矽谷商戰的李彥宏也在變化中求發展。這與他和徐勇為拿到第一桶金，而向投資人遞交商業計畫書內所寫的做入口網站的生意大相逕庭。

有人評價百度的成功在於：目標明確，市場定位準確，而且頭腦冷靜，不跟風，不搶潮。用這句評語描述其創始人李彥宏的性格特點也是非常適當的：他知道自己想要得到的是什麼，他一直堅信 ASP 商業模式必將獲得成功，他知道自己所專注的，而別人做不到同樣程度的就在搜索領域；在互聯網高潮時，他能預言對於國內公司的燒錢做法，國外的投資人要吃虧，在互聯網低谷時，他能鼓勵員工不要只看到眼前利益，要把眼光放得長遠些……

目前百度的流覽量一直排在世界前列。有關資料顯示，大陸網路使用者有近一半的搜索請求是通過百度完成的，因此百度被稱為全球最大的中文搜尋引擎。據艾瑞市場諮詢機構調查資料顯示：二〇〇四年中國搜尋引擎行業市場規模為十二億五千萬元，其中搜尋引擎運營商收入規模為六點三億元，通路代理商收入為六點二億元，而百度佔據了中國搜尋引擎運營商收入市場佔有率的百分之二十八。獨特的商業模式的成功，使百度迅速成為中文搜尋引擎的老大。

百度公司不同於一般意義上的網路公司，它既不做門戶網站，也不提供一般互聯網內容，而是提供互聯網核心技術的技術型公司，但技術的領先和業務的增長，並沒有為百度帶來多少盈利。正如李彥宏所說：「我們很快佔據了中文搜索技術服務市場的絕對領導地位，可是我們依然沒有盈利，這樣的業務模式顯然是有問題的！」於是在原來的技術服務業務之外，李彥宏開始開

關一種新的業務模式，即競價排名服務模式。

李彥宏從學術圈進入華爾街商業市場的第一步，是他人生的第一次重要選擇；從華爾街來到矽谷，豐富了李彥宏關於商場實戰的經驗；從矽谷再到中關村，確立了李彥宏的人生奮鬥目標──創建自己的公司，用自己的技術改變人們的生活。

淘金點評

　　創業者要有敏銳商業思維和非常獨到的市場眼光，對產業方向的把握和商業競爭的規律和規則，理解得非常到位。李彥宏沒有跟隨大流進入電子商務領域，而是悄悄走到了尚少有人問津的網路搜索領域，打造了搜索領域獨特的產品概念，並成功地推向了市場。這一切正是因為他看到了搜索領域對網路世界可能產生的巨大影響。

楊致遠：走進市場才能發現創業機會

　　沒有顧客的支持，創業就不可能成功。好的創業構想大部分都是來自於對顧客需求的深入觀察，具有成功特質的創業者，也必然是瞭解市場、重視顧客關係，並且能提出有效提升顧客滿意度方案的人。

　　一位計畫從事樂器銷售的音樂家，便具有這種成功創業的特質。他看到市場上競爭者普遍採取類似的銷售策略，來銷售各種類型樂器、提供修理以及教學服務，從而導致產品與服務內涵差異不大，彼此進行激烈的價格戰爭，使得各自所獲利潤十分微薄。

　　這位創業者通過觀察許多音樂會上觀眾的組成，發現其中有一大部分屬於老年人，他們擁有經濟能力與閒暇時間，也想學一些樂器以圓年輕時無法實現的夢想，同時，他也發現這些老年人更需要志同道合的夥伴，以增益他們的生活品質。於是他的樂器銷售公司，決定提供與別人不一樣的產品與服務，將焦點顧客集中於老年人，為他們舉辦音樂會、協助他們籌組樂團、提供許多養生保健的課程與聯誼活動。於是他有了一群非常穩定忠誠的顧客，不必參與價格競爭就有豐厚的利潤，他的樂器銷售公司進而轉型成為一家老年人社區服務中心，並在全國進行連鎖經營的業務。

　　而雅虎也是在發掘市場需求，找到目標客戶的情況下誕生的。

　　一九九四年四月，還在史丹福大學就讀的楊致遠，與大衛‧

費羅一起創建了雅虎，並於一九九五年三月與他人共同建立了雅虎公司。

　　一九九八年是雅虎發展史上極其輝煌的一年：雅虎的平均日點擊量超過七千萬次，雅虎成為世界最知名的品牌之一。一九九八年九月公司市值達到將近二百五十億美元，令資訊產業界的「武林至尊」微軟的市盈率相形見絀，同時也創造了兩年進入《富比士》五百強的驚人紀錄。然而誰能想到在此之前，雅虎的全部內容還只是楊致遠一台電腦中的網路資料搜查手冊而已。

　　雅虎公司的成立充滿了戲劇性。一九九三年底在史丹福大學電機研究所攻讀電機工程博士學位的楊致遠，開始使用全球網路，他和同學大衛·費羅都覺得國際網路範圍廣泛，要找一個題目往往需耗費多時，如果能建立一套搜尋的軟體，有系統和分門別類地加以組織，使用網路資料時便會很方便。於是一九九四年，年僅二十五歲的楊致遠從名為「睹」的電腦著手，利用學校的工作站，開始在網上發佈了自己編寫的網路搜索軟體。

　　「雅虎」源自《格列佛遊記》中的一群野人的名字。至於為何命名雅虎，楊致遠說：「我們是在一本旅遊手冊中找到了這個名字的，我們覺得雅虎代表了那些既無經驗又無教育的外來遊客，與我們這群電腦人非常相近，所以我們就用了『雅虎！』作為這個軟體的名稱了。」

　　網民們很快發現了這個網站，由於許多網友紛紛進入史丹福大學電機系的工作站使用這套軟體，使校方大感困擾，於是把他們的伺服器請出了校園。為此，楊致遠和費羅積極尋找潛在的投資者。第一個找到的是矽谷成功的企業家、國際購物網路的創始人亞當斯。亞當斯不僅幫助雅虎出世，還將雅虎介紹給矽谷的風險投資公司，由這家公司幫助雅虎計畫上市。楊致遠與費羅決定放棄即將完成的博士學業，因為他們認為繼續開發軟體工作比完

成博士研究課程更重要，而且那個時候正是推出軟體的黃金時機，於是他們攜手成立了雅虎軟體公司。

雅虎的成功，很大程度上應當歸功於楊致遠的運籌帷幄。楊致遠認為幹這一行最最重要、最最基本的東西就是：讓用戶有足夠多的理由來訪問你的網站，使用你提供的服務，要不顧一切地宣傳自己的品牌。

起初，公司的宗旨很簡單——創立名牌。幸運的是，當時網景公司的總裁非常喜歡雅虎的網站目錄。一九九五年一月，他把網景瀏覽器一個最重要的按鈕——網上搜索指向了雅虎。當網景瀏覽器的使用者按那個按鈕時，就會被自動地帶到雅虎的網站。網景瀏覽器的成功，使得雅虎迅速聲名鵲起。到一九九六年的第二季度末，每天已經有二百萬網民造訪雅虎，累計每天一千四百萬人次，其中有百分之七十五是回頭客。

但楊致遠並不滿足於僅僅擁有一個可以吸引回頭客的名牌。一九九六年四月，軟銀投資多一億美元，獲得了雅虎百分之三十七的股份。藉著軟銀的媒體背景，楊致遠發佈了兩個新的產品，一個叫《雅虎網際網路生活》的印刷版雜誌，一個叫「雅虎計算」的提供電腦資訊的網站。

雅虎還打進了電視領域跟一些傳統的媒體合作。由於雅虎所開發的產品都兼具發展與商業前景，因此包括路透社和新聞傳媒公司等一些著名電腦及資訊企業，都有意與他們合作。

不久，雅虎斥資五百萬美元做電視廣告。雅虎的廣告是針對那些聽說過萬維網，但是還沒有上網的人。廣告播出之前，大約只有百分之八的美國人能說出雅虎是幹什麼的，甚至有人認為它是飲料。廣告播出後，知道雅虎的人就大大增加了。雅虎對網景網站的依賴也日益減少。一九九六年四月雅虎在日本成立公司後，短時間內已成為日本最大的檢索公司之一。同年，雅虎在加

拿大設立公司，繼而進軍歐洲，然後轉到中國、東南亞及韓國市場。目前雅虎成為當之無愧的世界上最大的網路媒體之一。

　　所有創業者都要謹記顧客是營業額與利潤的來源，因此在創業營運計畫中要知道顧客在哪裡，要能具體描繪出顧客的需求，創新產品與服務要接受顧客的測試，營運計畫中要能突顯如何增值顧客的利益，也要能說明如何評估顧客的滿意程度，以及如何提升對於顧客的服務品質。怎麼才能保持創業者對市場的敏銳，那就要讓創業者走進客戶、傾聽客戶，然後為客戶做出改變、創造。

　　創業者可以做的，就是走入市場去看、聽、問，正確地認知顧客對於產品服務的需求，擬出一個產品服務與顧客滿意關係的屬性對照表，找出可以創新改進的地方，並參考目前顧客偏好與市場競爭態勢，決定創業的最終目標顧客市場，進而開發可滿足目標市場需求的創新產品。事實上，所謂創業商機、創業構想，大部分都是來自於顧客身上，而非技術知識的本身。管理大師杜拉克曾經說過，商業的目的不在「創造產品」，而在「創造顧客」。

傑夫・貝佐斯：開啟網路商業世界亞馬遜

　　這個世界正處於飛速發展的時代，創業的機會層出不窮。不管是傳統行業還是新生行業，只要你時刻保持一顆敏感的心，善於觀察世界變化，勤於思考，就一定會抓住創業的大好時機。現今的虛擬網路世界，儼然已經發展成為人們生活不可或缺的新生社會形態。有人的地方就有市場，有市場就存在商機，網路也不外乎如此。亞馬遜就是在這個虛擬的世界裡創立起來的傑出企業。

　　傑夫・貝佐斯生於美國新墨西哥州中部大城阿爾伯克爾基。父親米蓋爾・貝佐斯是二十世紀六〇年代初期古巴來的移民，在埃克森公司任職，母親在銀行工作。

　　貝佐斯三歲時，對自己睡在嬰兒床中十分惱火。起初他母親沒有想到他想要一張真正的大床。但幾天後，母親看到他拿著一把螺絲起子，要把嬰兒床拆掉，好讓它看起來更像一張床。這種個性對他今後的成功至關重要。

　　這位古巴難民的後代，從小就表現出強烈的幹事勁頭。祖父是前原子能委員會的一位管理人員。祖父培養了他對科學的熱愛，十四歲時，他就立志要當一名太空人或物理學家。他家裡的車庫都有他所做的工程實驗或科學試驗，從此堆滿了他的工程項目，如用真空吸塵器做成的水翼船和雨傘加工出的太陽能灶具。貝佐斯時常在德州其祖父的農場渡過暑假。十六歲時，他就能安裝風車，使用弧焊機。

　　中學時代他是在邁阿密的邁阿密蒲葵中學渡過的，是班長和畢業生代表。到高中，貝佐斯就展示出做企業的才能。他成立

「夢想」協會，開辦暑期活動，開發學生的創新思維，甚至鼓動他的姐姐、弟弟也來參加。中學後期，貝佐斯對天文望遠鏡產生興趣，但其價格高達二十美元，母親認為價格太高，因此他買了價廉的元件，自己安裝。

進了愛因斯坦晚年曾執教過的普林斯頓大學，他的興趣轉向了電腦，此時正逢電腦產業翻天覆地的變革時期。他說：「我已經陷入電腦不能自拔，正期待著某些革命性的突破。」一九八六年，獲普林斯頓大學電器工程與電腦科學學士學位，以優異成績畢業，並成為美國大學優秀生聯誼會會員。

愛交際，為人謙卑，極富才智，思路敏捷，走路較快，這就是他的個性。

一九九四年，傑夫·貝佐斯還是華爾街一家基金公司的資深副總裁時，有一天無意中讀到了一個資料，那就是網路網頁流覽人數，每年增長了百分之二十三。對很多人來說，這個數字不是什麼；對貝佐斯來說，它代表了一個美好的企業遠景。傑夫·貝佐斯看到了一個更大的機會——網上商業。

他立刻採取行動，辭去華爾街的工作，帶著太太，一路從美國東岸開車到西岸，開創他的新事業。一路上，貝佐斯就在他的筆記型電腦上，開始擬訂事業計畫書，並且用行動電話，到處募集資金。貝佐斯和幾位工作夥伴，在租來的住家車庫裡，開始建立亞馬遜網站。當年幾乎所有人都覺得這個點子簡直是天方夜譚。但就在一九九五年七月，在華盛頓社區的車庫裡，亞馬遜悄悄開張了。以貝佐斯為主角的互聯網時代的又一大神話就此誕生……

貝佐斯計畫，在另一個世界裡開設一家書店，他把這個世界叫做「網路空間」。這個書店裡沒有書架、沒有庫存，也沒有讓顧客實際光顧的店面。貝佐斯當時甚至辭掉一份好的工作，全心

投注在這個「可笑」的點子上。此時，亞馬遜網站的員工已經超過二千人，而且成為一個國際知名、家喻戶曉的企業，但是亞馬遜總部內部仍然像是一個等待搬家的倉庫。

兩年後，他成了互聯網路書店亞馬遜的執行總裁。他選擇書籍作為網上銷售的理由有兩個：一是可供銷售的書籍很多，二是出版界的競爭似乎並不十分激烈。他按世界上第一大河的名字給公司取名為「亞馬遜」，意思是他的公司所經營的書籍要比常規書店多出好多倍。

亞馬遜是名副其實的虛擬公司，雖然它的營業額已達數百億美元，貝佐斯個人收入據估計也在一千萬美元以上，但亞馬遜網上書店既無門市，也無庫存。客戶只要進入它的網站後，按書名、作者、題材或關鍵字在包含一百一十萬條書目的資料庫中查尋。發現想買的書並提出具體要求後，通過電話或網路信用卡付款，就可以得到想要的書，既安全又可靠。

像亞馬遜網上書店這樣的公司，正衝擊著經營多年的傳統出版行業。貝佐斯說：「這個行業並不合理。出版商承擔圖書退貨風險，卻由零售商來預測需求量。」亞馬遜公司所定購的書，是顧客已經同意要買的，所以它的退貨率低於萬分之二十五，而整個圖書行業的退貨率高達百分之三十。

傳統的經營者面對零與一數位世界所構成的網路時，常有無從下手的無力感，但是貝佐斯認為，「書店經營時間短」以及「書本上架壽命短」是傳統書店的致命傷，所以當「永不打烊」及「上架壽命長」成為網上書店的基礎之後，與眾不同的特性才能讓亞馬遜書店有生存的可能。

貝佐斯決定公司的策略後，就以簡單的操作介面，讓網上購書變成一種樂趣，同時又以較低價格來吸引消費者。雖然公司建立初期還處在賠錢狀況，但亞馬遜書店的高度執行能力，加上貝

佐斯堅持建立品牌，將獲利都投資在建立一個更合乎人性的網站上，使得股東們都心甘情願地掏錢。

即使富可敵國，貝佐斯依舊告誡員工每天都應該戒驕戒躁，以滿足顧客的需求為第一宗旨，雖然亞馬遜書店未來是成是敗還在未定之中，但是他堅持實踐以客為尊，而不光是喊口號的精神，實在值得所有企業家省思。

貝佐斯經常穿著一身卡其色的衣服，腳穿咖啡色橡皮底的鞋子。急性子的他是個行動派，在辦公室裡經常處於小跑狀態，幾乎一刻也停不下來。儘管今天已經是網路產業洞見觀瞻的業者，但貝佐斯仍然行事非常低調。他說：「最令我擔心的是不知道什麼時候，又會從車庫裡蹦出兩個小夥子來。」

時代在進步，新的供求關係和交易方式都在發生著變化，只有緊跟時代潮流，才不會被淘汰。行銷的目的是使供應部分與需求部分相匹配。因此傳統的零售方式可能會被全新的經營方式所代替。成功者之所以創業成功，是因為他們敢於嘗試新事物，而盲目跟風，往往會因市場飽和而被淘汰出局。

　　創業者要想在這個世界上取勝甚至是僅僅生存下去，就必須抓住機遇使自己變得強大，就要能夠審時度勢，要能夠在模糊、混沌和不確定的紛繁雜亂的環境事物中，整理出一套邏輯的構架，看清前進的道路，堅定戰略方向。作為剛剛起步的創業者，更要付出大量的努力，去思考如何能比別人領先一步，也就是做前瞻性的思考，培養和樹立起超前意識，鍛鍊自己敏銳的洞察力，要比別人更迅速地掌握未來的動態、未來的資訊、未來的走向。

Chapter **05**

創業理念先行，
打造特色產業模式

蔣建平：把簡單的事情做到極致，就能成就大事業

　　一個企業要想贏得消費者的良好口碑，就必須為消費者提供優質的產品和服務。有的產品很普通、很廣泛，但如何讓消費者在萬千同類商品中單獨青睞於你，這就需要企業把產品做到最好，突出自己的企業理念。而蔣建平就是在一盒普通盒飯上打上「乾淨衛生」理念的創業者，這讓他在速食行業眾多同行中脫穎而出。

　　在人生中，從事何種職業也許並不重要，重要的是能夠盡其所能地把最簡單的事情做到極致，變成天下最不簡單的事情。

　　蔣建平沒有讀過多少書，家境也不好，所以能夠成為糧管所的一名普通的倉庫保管員，他十分滿足。可惜就是這樣的日子，也隨著一聲「你失業了！」而結束，蔣建平一剎那間覺得自己所有的夢想都破滅了，他知道自己又得重新回到社會上，又要為生存而苦苦掙扎。

　　由於一沒本錢，二沒關係，想來想去，蔣建平只得從賣盒飯做起。他買了一輛三輪車，和妻子起早摸黑，可是賺的錢還不夠被警察抓住的罰款，蔣建平思來想去，一咬牙開了第一家「麗華速食」店。

　　蔣建平尋思，如今街頭賣盒飯的比吃盒飯的人還多，自己的麗華速食要做出特色，就必須比別人的菜譜更加豐富，同是五元一盒的盒飯，自己的菜肴要比別人多些花樣，可就是這樣，蔣建平的盒飯生意也不是很好，每個月除了必要的開支，剩下的還不夠蔣建平夫妻倆的生活費。

正當蔣建平為了自己的速食生意一籌莫展的時候，他聽到一位經常光顧自己小店的女孩對身邊的人說：「要是這家速食店就在我們公司附近就好了，我就不用為上這兒吃速食耽擱時間而發愁了。」蔣建平一聽，不由得眼前一亮，馬上端了一杯水放到女孩的面前，然後滿臉笑容地問女孩在哪裡上班，女孩說出自己上班的地方。那是在常州市的商務區，一想到商務區，蔣建平覺得自己的商機來了，因為商務區的辦公樓很多，不過如果沒有前期的訂購，速食店的老闆是不會把速食送到那裡的。

蔣建平帶著自己的速食菜譜和名片，來到了商務區，他開始一棟樓一棟樓地發送名片，可是卻沒有一家公司主動提出訂購他的速食，蔣建平十分奇怪，自己的速食明明比別的速食店的菜肴更豐富，而且自己承諾的服務是隨叫隨到，哪怕是只叫一份速食，都會做到半個小時之內準時送到。可就是這樣，為什麼還是沒有公司願意訂購自己的速食呢？

蔣建平不死心，第二天又按照自己第一天發送過名片的路線，再次重訪，蔣建平不相信自己的熱忱，就打動不了那些需要速食的人，可是結果還是沒有一家公司願意訂購蔣建平的速食。蔣建平不知道自己到底哪裡出了問題，於是他問一家正在為訂不訂購麗華速食而猶豫不決的公司經理：「你到底為什麼猶豫呢？」這位經理說：「能不猶豫嗎？這可是吃的東西！萬一讓公司的人吃得上吐下瀉，那是多大的責任啊！」蔣建平一聽，馬上安慰這位經理說：「沒事的，我們麗華速食絕對衛生，而且操作服務是嚴格遵守衛生管理部門認可的操作流程的。」這位經理不屑地一搖頭，說：「你說得這麼好，拿什麼讓我相信你們的速食衛生？上次也有一家速食店說他們的衛生呀，可還不是吃出了問題？」

蔣建平心想：「是呀，拿什麼證明自己的速食店就比別的速

食店衛生呢？」可是想破腦袋，蔣建平也沒有想出通過什麼來證明，於是蔣建平找到了衛生防疫部門諮詢，工作人員告訴蔣建平可以通過 ISO9001（品質管制體系）和 ISO14001（環境管理體系）的認證。

有了這兩項認證，蔣建平再到商務區去和那些需要訂購速食的公司談，就覺得底氣足了許多，這些公司也很快就和蔣建平達成協議，只訂購麗華速食。

如今蔣建平的麗華速食在北京、上海、大連、南京、長沙等許多大城市，都有了自己的速食連鎖店，並且在送速食的時候用上了 GPS 全球衛星定位系統，保證在車流如海的大城市內，三十分鐘準時把速食送到。

就這樣，胡潤富豪榜上第一次有了一家做速食生意的企業，那就是蔣建平的麗華速食。也難怪蔣建平後來就讀人民大學MBA 時的授課老師，經常會拿他來做例子。在說到蔣建平的成功經驗的時候，這位老師就會對所有的學生說：「在人生中，你所從事的職業並不重要，重要的是你能夠盡你所能地把最簡單的事情做到極致，變成天下最不簡單的事情。」的確，蔣建平就是這樣，把做盒飯這麼一件簡簡單單的事，做到用 GPS 定位、通過了世界權威的食品安全保護體系的認證，誰還敢說這是簡單？

賣一盒盒飯都要掛上國際標準，也真可算是用心良苦了。如果每個創業者都能像蔣建平一樣精益求精，把每一件事情做到極致，那這樣的創業者一定會成功。海爾集團前總裁張瑞敏說過這樣一句話：「什麼是不簡單？把簡單的事情做一千遍就是不簡單。」這句話道出了一個人生的真諦，那就是只要堅持到底，就能夠做出成績來，甚至成就一番大的事業來。

經營同一種類的產品，為什麼有的企業就能在萬千同行中獨佔鰲頭？這就要求企業自己的產品有差異化，與其他同類區別開來。企業要從消費者心理出發，挖掘他們對於產品的訴求，即對設定的目標人群進行分析，分析他們的群體特徵、需求、感受、期望，分析消費者希望通過產品想要取得的需求滿足。然後企業要對症下藥，使自己的產品凸顯出消費者所需要的特徵，如此就自然會贏得消費者的青睞。

陳士駿：分享中誕生的創意靈感

才一年零八個月！創立時間平均六十五年的美國三大電視網，晚間熱門時段收視總人口，被一家名不見經傳的網站超越，它叫 YouTube，三名創辦人年齡平均不到三十歲，其中一名大學還沒畢業。

YouTube，意即「你的電視機」，它以每天一億次影片點閱流量，成為全球收視用戶數最高的影片分享網站。YouTube 在影音市場的影響力，連網路搜索龍頭谷歌都打不過。

谷歌以十六點五億美元的高價，併購 YouTube，這宗併購案，被稱為「搜尋引擎之王與影視之王的結合」。

陳士駿，是 YouTube 的三位創辦人中唯一的華裔青年。

他在臺灣出生，八歲移民美國，在伊利諾伊數學與科學學會附屬高中與伊利諾伊大學接受了「問題解決」的訓練後，大四下學期就休學，進入只有四名員工的 PayPal 工作，後來更創立 YouTube。誰也沒料到，當谷歌將 YouTube 納入子公司後，一夕間，他成為年僅二十八歲的百億富豪。

陳士駿有一次參加了一次同事間的派對，並且拍攝了許多自己認為很不錯的視頻片段，當陳士駿想把這些視頻放到網路上去和參加派對的朋友們一起欣賞的時候，卻發現所有的網站都沒有提供這樣一個讓網友和別人分享視頻的平臺。

於是陳士駿想到可以成立這樣一個網站，讓大家在這個網站中與別人分享視頻，並且與別人分享快樂或憂傷。但許多人一聽都勸陳士駿不要輕舉妄動，因為這樣的技術並不複雜，為什麼那

麼多的大網站不做，說明裡面也許就沒有什麼商機，何況陳士駿剛買了房子沒有多久，房子的欠款還沒有還清，又欠下了一大筆的信用卡債務，如果這個時候離開他工作了六年的網路公司，就意味著他不可能再有穩定的收入。

這個時候，一則新聞堅定了陳士駿辦這樣一個網站的信心，陳士駿從報紙上看到瑞典的一位修車工人湯米，在印尼的普吉島渡假的時候，無意當中用手機拍攝下了海嘯來臨的那一瞬間的情景，於是美國有線電視網和全球的許多媒體都追著湯米購買他的版權。湯米的這段視頻在網上一播出，就有超過一百三十萬的人在網路中點擊這段海嘯的視頻。

他還發現，南亞海嘯短片剛播放，就有十二個博客轉載，其中一個原本無名的博客，五天內就吸引了六十八萬人次上線觀看，當時至少有超過一百三十萬人在網路上看到南亞海嘯的內容，這個數字，比美國《商業週刊》每週一百二十萬本的發行量還高。

為何人們喜歡在網路上看影片？是想與他人分享，還是能決定何時欣賞的自由感？

「我們就開始實驗，大家真的這麼愛分享嗎？」陳士駿說。他們立刻在《維基百科》輸入一段美國總統專機「空軍一號」的解釋，這簡單的兩行字，幾個月後，在網友參與下，竟變成滿滿的數百行內容。

結果證實，「分享的力量好大！」陳士駿說。《維基百科》就是全民分享的標準產物。《大英百科》花二百三十八年，每次編寫都要動用三、四千名學者，才累積出十二萬篇文章。維基百科只花兩年的時間，用兩位專職人員就辦到了，錯誤率所差無幾。

消費者正以一股所有人都想像不到的力量在覺醒！一連串的發現，激勵了陳士駿日後作出了一個沒人敢下的決策。

　　一百三十萬的點擊量，一個足夠讓陳士駿血液沸騰起來的數字。陳士駿說幹就幹，憑著他的電腦技術，沒隔一個月，他就把這套系統在網路中運行起來了。可惜運行起來之後，卻沒有出現陳士駿想像中的熱鬧場面，每一天的網站訪客寥寥無幾。

　　怎麼會這樣？陳士駿和他的團隊面面相覷，怎麼也找不出真正的原因，更讓陳士駿擔心的是，如果網站一直這個樣子，那麼自己的房子也要保不住了，因為銀行的催款一次比一次急。

　　陳士駿決定親自去發放調查表，看看調查上來的結果是什麼樣的。調查的結果令陳士駿十分吃驚，因為所有的調查表都說到同一個問題，那就是陳士駿和他的團隊在網站上給網友提供的視頻，並不是他們所喜歡的。他們需要自己喜歡的視頻，而且要方便播放。

　　陳士駿這才意識到自己錯了，自己嘴上強調要尊重所有的網友，但心裡卻還在想著自己的利益，想著這樣的服務怎樣才能賺到錢，並且現在所做的一切，都在為了今後的收費作準備。

　　想到這裡，陳士駿在公司宣佈了一個決定，那就是從現在起，網站不再提供任何視頻，而是為所有的網友提供一個發佈視頻的平臺，讓所有喜歡分享視頻的網友，可以自由地通過這個平臺，上傳他們的視頻，並且喜歡哪段視頻都可以隨意下載。

　　一些網路公司的老闆聽說陳士駿要給全世界的網友提供這樣一個平臺，都說他瘋了，這樣做靠什麼收費？怎麼生存？可是事實卻證明，陳士駿是對的。

　　一群又一群的年輕人發現了陳士駿的 YouTube 網站的好處，並開始把視頻短片連結在自己的博客中，並且不斷地把自己認為搞笑的或者是喜歡的視頻放到 YouTube 去與人分享。就這樣，YouTube 在一年多的時間裡就迅速吸引了三千四百萬網友。這時許多廣告商開始找上門來，希望能在視頻中插播廣告，然而陳士

駿卻對所有的廣告商說「不」，陳士駿說，「我不想讓廣告影響我的網友的心情。」

二〇〇五年十月，一群二十歲上下的年輕人發現了 YouTube 的好處，開始利用影片在自己的博客寫日記，並在全球最大社交網站 MySpace 造成轟動。

幸運之神這時也眷顧了 YouTube。通過 PayPal 老同事牽線，紅杉創投願意聽陳士駿他們的演示文稿，「那時候我們連辦公室都沒有，網站也沒有營運計畫……」但是看到暴漲的點擊人數，紅杉一出手，就以三百五十萬美元的金額，解了他們的燃眉之急。

後來谷歌決定併購 YouTube。即使 YouTube 仍未獲利，但是憑著它「粘著」的三千四百萬雙觀眾目光與背後帶來的廣告商機，《時代》雜誌認為，買到 YouTube 是賺大了。

陳士駿回憶整個併購過程，他形容自己緊張得忘記說了什麼，只知道自己真的辦到了，見面後不到一星期，他簽下合約，從一個負債的小子變成了百億富翁。

陳士駿的成功，其實是很簡單的一個理念，就是為所有的人提供一個分享的平臺，讓每一個人都可以把自己的快樂和悲傷，在這個平臺上與人分享。只有懂得分享的人，才能收穫更多。

與人分享也能獲利，這是陳士駿的分享理念的成功運用。當一個人有了一個蘋果，和人交換，也許手裡剩下的還是一個蘋果；但如果是一個想法，去和人交換，也許就會擁有兩個或者更多的想法；有一樣知識去與人交換，就會換來無窮的知識。一個懂得不斷與人交換、懂得與人分享的人，他離成功自然更近，因為他知道只有與人分享了，才能有更大的收穫。成功創業需要有什麼樣的理念？其實在創業過程中，每一個普通的想法，只要站在客戶的角度認真思考，都能從中找到適合自己的創業點、創業理念。

　　理念先行，相信消費者至上，相信「你」是最重要的，這就是 YouTube 成功的創業理念。鬆開雙手，讓消費者做出選擇。YouTube 做到了對消費者真正的尊重，消費者喜歡的才是最有市場的。YouTube 充分尊重消費者的品味，推出了對消費者來說自由的視頻分享模式。YouTube 取得了成功，最終奠定了視頻分享網站的老大地位。每一個創業者在做出決定前，都要考慮到消費者是不是喜歡你的產品，不喜歡就要及時調整。只有做消費者喜歡的，你才能創業成功。

譚傳華：小木梳裡的文化生意經

　　「千年木梳，萬絲情緣。」譚木匠的精雕小木梳，是那種可以作為貼身愛物的小東西，這一份細膩和體貼，總是讓人對自己的美麗更加自信。中國的傳統文化是豐富多彩的，作為傳統手工藝品的木梳，有著幾千年的文化傳承。

　　傳統文化又是永不過時的主題，帶著它獨特的氣質，主導著時尚人們的生活。譚傳華很好地利用了這一點，再用現代手法進行恰當的商業包裝，「譚木匠」那千姿百態的小木梳，就體現出中華傳統的文化底蘊，也說明文化力蘊藏著無限商機。

　　十八歲時，譚傳華因下河炸魚不慎傷了手，右手被從腕部截去。後來當了五年教師，因受人歧視憤而辭職，最後不得不開始了三年的打工生涯。多年的坎坷經歷，讓譚傳華愈加成熟起來。

　　一九八三年建築業初露頭角，慢慢地興旺起來，譚傳華結束流浪打工回到了重慶萬州嶽溪鎮果斷地辦起了建築製造場，因為是全鎮第一家，譚傳華小賺了一筆。

　　一九八九年，譚傳華到縣城開了一家花店，因為是全縣首家，譚傳華又賺了錢。

　　因為搶佔先機，這些生意慢慢為譚傳華積攢了第一桶金。成功賺錢的經歷，堅定了譚傳華的信心，鼓舞了他的士氣。

　　從此以後，譚傳華就四處尋找商機，企圖做大自己的事業。

　　有一次，他出差到深圳發現別人做的拐杖很好賣，而自己做的拐杖卻賣不出去。好學的譚傳華便想弄明白背後的秘密，為此，譚傳華還特地拜訪了同行。

　　從那裡，譚傳華知道，木雕製品非常有市場。

　　回到重慶後，譚傳華從當地的木匠那裡聽說木梳有銷路，因為他們世代相傳一段古巴蜀歌謠：「文要當相，武要封侯，黃楊木梳盡了頭。」

　　歌謠讓譚傳華大受啟發，他很快就請了一些木工師傅，雕刻黃楊木藝術品，試探一下到底有沒有市場。

　　一九九二年，譚傳華以個人名義到深圳參加當年的木雕工藝展，可由於閉門造車，他做出的產品跟來自福建、浙江的木雕產品根本無法相比，自慚形穢的譚傳華發誓一定要做出好產品來。

　　上天總是垂青有準備的人。

　　一天，譚傳華在地攤上花兩元買了一把木梳子，正在尋找出路的譚傳華來了靈感——何不從小處入手，把大眾化的梳子做好、做精，做成藝術品賺錢呢！因為梳子不管在春夏秋冬，還是男女老少都要用。

　　在地大物博、人口眾多的大陸，如果有一億人用自己生產的梳子，那自己的業務就足夠了。當時譚傳華心頭一亮，就做木梳！

　　接下來，譚傳華就與原萬縣市農科所協商，把廢棄的豬圈改造成廠房，掛出了三峽工藝品有限公司的牌子，找了十多個人，用黃楊木開始了作坊式的梳子製作。

　　一九九三年四月，第一批三峽牌木梳生產出來了。

　　譚傳華派四個工人，每人拎一籃木梳到市區去賣。譚傳華和他們約定，誰賣了第一把都要打電話回來，他自己就守在電話機旁一步也不離開。

　　電話響了，譚傳華抓起來接聽，卻不是自己人打來的。電話又響了，還是別人打的……

　　整整一天，譚傳華接了十多個電話，但沒有一個是他派出去

的四個人打回來的。

　　天黑時，四個工人回來了，總計就賣了一把梳子。

　　出師不利，讓譚傳華的心情格外複雜。

　　想哭但又不敢哭，不敢哭不只是因為工人都在望著他，更在於先前吃過那麼多苦頭的譚傳華，面對這麼點困難就退縮嗎？

　　不，絕不能退縮！

　　想到此處的譚傳華還不停地給工人們打氣，雖然只賣了一把梳子，但只要有人買，就說明自己生產的梳子有銷路。

　　只要堅持，情況肯定會越來越好。

　　不服輸的幾個人，第二天再次帶著自己的產品上路了，這天一共賣了十七元！這可是第一天銷售的八倍多，有希望！

　　譚傳華這樣鼓勵工人，更是鼓勵自己。

　　這兩天賣梳子所得的十九元，被譚傳華進行了塑封，並被保存了下來，至今保存在公司的檔案中。

　　他說這樣做的目的，就是要讓這難得的十九元，激勵自己也激勵所有的員工要不斷地拼搏，不斷地努力，只有這樣才能「柳暗花明又一村」。

　　一個新興的小企業，一種沒有名氣的小商品，想佔有市場實在是太難了，但譚傳華堅信世上無難事，只怕有心人。

　　為了瞭解市場，也為了瞭解自己的產品，譚傳華決定親自推銷木梳。

　　譚傳華至今記得，當他到一家商場推銷時，商場人員根本不屑一顧，並大喊大叫讓他滾出去。

　　在成都的一家商場，他去了五次，都沒有人理睬他。去第六次時，商場經理大為惱火地說：「跟你說過多少遍了，我不會賣你的梳子。」

　　可譚傳華也火了，說，來這裡沒有別的意思，因為商場信譽

好，只希望把自己的梳子擺上櫃檯。要是不同意，就再來十次、二十次、三十次，總之要到成功為止。要是產品賣不出去，三天後不用通知，這些梳子你們自己燒掉就行了。

眼看譚傳華這麼執著，再說梳子上了商場的櫃檯，對他們也沒什麼壞處，經理最後答應試一下，但只能代銷。

令大家都沒想到的是，三天內梳子賣出了幾十把，商場經理為此還打電話叫譚傳華再多送些貨過去。

在接下來的日子裡，木梳的銷路雖然有所好轉，但並不令譚傳華滿意。

在市場的壓力下，譚傳華重新審視自己的木梳廠，進行了市場分析。

譚傳華發現，產品缺乏足夠的市場競爭力，主要在於品質還比較差，而品質差的根源就在於技術和設備落後。

找到問題的癥結後，一九九四年上半年，在大陸十幾家同類企業都沒有梳子生產專用設備的情況下，譚傳華大膽投資了三十萬元，進行生產技術大改造。

技術改造後生產出的水磨黃楊木梳，命名為時下流行的「先生」「小姐」牌。

同年七月，在四川名優新產品博覽會上，譚傳華生產的小木梳因為工藝美觀、品質好而轟動一時，博覽會期間四天的零售額達到近萬元。這讓譚傳華感到有些意外，但更讓譚傳華高興的是成都一家進出口公司在博覽會現場執意要貨，當他用左手簽完合同時，他激動得不知說什麼好。

產品有了銷路，有了大量的訂單，不僅打開了市場，更重要的是鼓舞了員工士氣。

在這一年，公司產值高達六十五萬元，譚傳華因此走出了公司發展的困境。

　　儘管如此，但是譚傳華並不滿足，他要把這小小木梳做成全國知名品牌。

　　為此，公司首先做了一個市場調查，發現顧客只記住了黃楊木梳，而沒有記住「先生」「小姐」的品牌名稱，譚傳華決定再改名字。

　　譚傳華發現，一個產品要打出品牌不是隨便找個名字打點廣告就能成的，而要反覆推敲、認真琢磨才行。

　　基於這樣的認識，木匠世家出身的譚傳華就想何不乾脆取名「譚木匠」？當他把這一想法告訴一些親朋好友時，他們都為此拍案叫絕。

　　因為「譚木匠」的名字是典型的中國傳統，雖然顯得土，但土得有特色，土得很親切。

　　一九九七年六月，譚傳華把產品正式更名為「譚木匠」，成功註冊了「譚木匠」商標，並推向全國市場。

　　富有特色的「譚木匠」商標品牌推出是好事，但譚傳華發現以前生產的「先生」「小姐」牌梳子，在公司庫房裡達十五萬把之多。如何處理這十五萬把梳子，成了公司內部員工爭議的焦點。

　　有的人建議趁「先生」「小姐」在市場上還有一定的知名度，可以繼續賣。

　　有的人建議把這些庫存產品夾在新產品中一起銷售。

　　可經過冷靜思考的譚傳華決定燒，將這十五萬把梳子全部燒毀。

　　為什麼要燒毀呢？

　　對於一個剛起步的企業來說，把這些產品拿到市場上賣，賣出多少算多少，也是一筆不小的資金，一旦燒毀可什麼都沒有。

　　但譚傳華不這麼想，他說，燒毀這十五萬把梳子公司雖然損

失了幾十萬元，但這一把火毀掉的只是梳子，樹立的卻是公司的信譽和品牌，而信譽和品牌將帶給公司的何止幾十萬元！

堅信「譚木匠」品牌一定能給公司帶來巨額回報的譚傳華，為了印證自己的想法，隨時關注著市場的變化。

那是「譚木匠」註冊、銷售四個月後的一天，驚喜出現了。

那天，譚傳華到市場上去瞭解情況，一位外地顧客問譚傳華，「譚木匠」應該是個老字號吧？譚傳華含含糊糊地點點頭，顧客繼續問有多少年了？譚傳華沒有說話，只伸出了四個指頭。顧客吃驚地說，四百年了！

顧客眼中的四百年，讓譚傳華也感到吃驚。

沒想到，就是「譚木匠」這三個字讓自己的企業變成了消費者心中的老字號，這從側面證明了商標改名的成功！

譚傳華說，是自己燒掉庫存的十五萬把梳子，同時藉助廣告的攻勢，才使「譚木匠」迅速走紅的。

更讓他沒想到的是，從那以後，「譚木匠」的產值每年都以三倍的速度增長，這在以前是從未有過的業績。

據專家分析，「譚木匠」品牌的成功，在於傳承了中國傳統商業文化的精髓，「木匠」是對中國傳統木工手藝人的稱呼，「木匠」前冠以「譚」字，符合中國傳統商號的取名習慣，念出來，就給人一種滄桑厚實的歷史感。

「譚木匠」這三個字匠心獨運的造型：「譚」用隸書，「木」是木匠用的木質直角尺和鉋子搭成，「匠」則配以木工作坊勞作圖，極具中國傳統文化特色，顯得極親切、自然。

一提到創業搶市場，一些人首先想到的是做大買賣，出手就得抱個「金娃娃」。但畢竟一個人的能力是有限的，況且白手起家創業更是艱難，這就要求創業者尋找適合自己的創業商機。商

機沒有大小之分，只要有市場需求，就有創業成功的可能。梳子對任何人來說都不陌生，但譚傳華就能在人們視若無睹的小物件中，找到無限的商機，這就是他獨到的點金術。

　　隨著社會和經濟的發展，商品利潤已經不僅僅是由原料到成品之間的差額決定的了。商品已經衍生出更多的文化、時尚賣點。創業者應當看到，小商品雖然不大起眼，但需求量是很大的。市場需求大，顧客的選擇自然就多樣化。如何才能讓自己的商品脫穎而出？這就要求創業者為商品打造一個與眾不同的文化概念。所以說所謂創業商機，大部分來自於顧客身上，而並非取決於技術知識。

張近東：服務是蘇寧的唯一產品

　　商業社會，人人都會說「顧客就是上帝」，然而真正把顧客視為上帝的又有幾人呢？許多商家片面地把「顧客就是上帝」，理解為在銷售產品時熱情、週到。當然，熱情、週到是十分必要的，但不能僅止於售中和售前，不能把東西賣出去了就不再顧及顧客的反應了。

　　有良好信譽的商家無不注重售後服務，因為良好的售後服務是產品銷售的延伸。一位成功的企業家說過一段話，他認為企業要推銷自己的產品只有兩條路：一是產品優異，不同尋常；另一條是不削減價格，而以售後服務來爭取顧客的信心。這可說是一語中的。

　　一九八四年，二十一歲的張近東從南京師範大學中文系畢業，被分配到南京市鼓樓區工業公司工作。作為一家區屬國有企業的一個普通文員，他每月的工資是五十五元，這個數字在今天看起來非常寒酸，但在當時，對一個剛走出校門的大學生，這個數字應該說還是過得去的，在社會平均工資水平線上。

　　像大多數人一樣，一個平凡而安穩的開始。

　　當時經濟改革的浪潮已經進入了城市，但是「鐵飯碗」的觀念還根深蒂固，沒有多少人會辭掉公職去經商。要知道，當時整個社會的思想觀念都比較保守。儘管如此，許多不甘於現狀的有志者也在進行商業活動的嘗試。張近東的長相俊秀儒雅，看上去不是那種大膽豪放性格的人，其實他內心充溢著的一種想要改變現實的衝動與激情。一九八七年，他的哥哥張桂平下海經商，張

近東利用業餘的時間幫哥哥承攬一些電腦、影印機、空調工程業務，雖然只是一些小生意，卻讓張近東在單調的工作之餘，有了些許新鮮的感覺，同時也給家庭帶來了一筆不錯的額外收入。

真正觸動他想要經商的念頭，是一九八九年的一次出差經歷。他和七、八個同事從青島坐船抵達上海，然後從上海轉乘火車返回南京。在等火車的時候，他們順道逛了一下百樂門，走累了便在一家店裡每人要了杯咖啡喝，結果結帳時竟然要一百元，這讓他們幾個都大吃一驚。要知道，他們一個月的工資就只有一百元！坐在火車上張近東止不住地心疼，這件事給了他很大的觸動，他在心裡暗暗問自己：這麼賺錢的店，我能不能也開一個？

看準了就幹。回到南京之後，張近東立刻在湖南路上開了一家名叫「康乃馨」的咖啡廳。這家咖啡廳是當時南京最早的咖啡廳，吸引了不少趕新潮的人前來消費。就這樣，張近東以這家咖啡廳為起點，開始了自己的事業。咖啡廳的經營，給張近東帶來了創業以來的第一桶金。

進入二十世紀九〇年代，思想觀念的解放，使中國社會迎來改革開放的新階段，在社會環境急劇變化的時候，幾乎所有的人都自覺不自覺地尋找自己的定位、目標和人生發展路徑。

隨著社會環境的變革以及咖啡廳經營的成功，張近東終於放開手腳做起了一番屬於自己的事業。當時的春蘭空調技術革新，生產規模急劇擴大，同時市場需求也急劇增長，迫使春蘭急需發展各地經銷商，擴大銷售量。於是張近東抓住了這個機會，赴江蘇泰州春蘭空調廠參觀，雙方當場就達成了經銷合作的意向。

一九九〇年十二月二十六日，張近東辭掉了工作，投入多年積累的十萬元資金，租下了南京寧海路六十號的一個二百平方公尺兩層樓的店面，取名為蘇寧家電，做起了空調專營店。憑藉低價的優勢，在開張的第一年，蘇寧電器就達到了六千萬元的營業

額，張近東個人淨賺了一千萬元。

一九九三年，蘇寧一躍成為國內最大的空調經銷商，空調的銷售額達三億元。

二〇〇〇年，蘇寧停止了單一空調專賣店的開設，轉型做起大型綜合電器賣場，並高調喊出「三年要在全國開設一千五百家店」的連鎖進軍口號。張近東將蘇寧南京新街口店開在了蘇寧電器大廈內，該大廈位於南京最大商圈新街口商圈中心，是一個「黃金建築」。大廈落成之初很多人勸張近東把這棟樓出租，這樣什麼都不用做，一年至少可以淨賺三千萬元，但張近東卻堅定地說：「即使虧掉四千萬元，蘇寧也要做家電賣場。」時間證明了張近東的明智選擇，蘇寧快速實現了全國連鎖：二〇〇一年平均四十天開一家店，二〇〇二年平均二十天開一家店，二〇〇三年平均七天開一家店，二〇〇四年平均五天就開一家新店，而二〇〇六年前四個月，蘇寧平均兩天就開一家店……張近東當初準備虧四千萬元開的蘇寧南京新街口店，一年銷售額竟達十億元。

時至今日，他把擁有數百家門店、上百億元銷售規模的蘇寧，推進了中國優秀上市公司行列。

在創業初期，張近東就前瞻性地意識到，良好的服務是贏得客戶的根本。因此他把服務作為企業的核心競爭力，堅持「服務是蘇寧的唯一產品」，在業界首次建立起行銷商「配送、安裝、維修」一體化服務體系，並組建了三百人的專業安裝隊伍，及時上門為顧客免費安裝空調。這為蘇寧掘得第一桶金起到了關鍵作用。

在長期為客戶服務的過程中，蘇寧更深刻地認識到，消費者購買空調不僅僅是為了獲得空調的使用價值，他們還希望在購買過程中獲得一種愉悅的感受，這是一種人文需要。在整個消費過程中，消費者除了需要蘇寧提供產品本身的使用價值和附加值之

外，還需要蘇寧能夠提供購物時的便捷、安心、尊榮、舒適、愉悅、長期持續的關懷等人文方面的服務。這才能完整地滿足消費者的高層次需求。

因此從這個意義上講，蘇寧不是在賣空調，而是在賣服務，一種細緻入微的服務。這正應了蘇寧的那句服務理念：「服務是蘇寧的唯一產品。」

蘇寧的服務理念和服務意識可濃縮為三句話：「至真至誠，蘇寧服務；服務是蘇寧的唯一產品；顧客滿意是蘇寧服務的終極目標。」這三句話也成為蘇寧提供服務的準則。

蘇寧人對服務細節的追求是無止境的，對服務細節的要求也幾近苛刻。當服務體系的管理制度能夠做到充分為蘇寧的服務保駕護航時，蘇寧人的目光轉向對服務的不斷創新，事實上，創新一直伴隨著蘇寧服務的全過程。

細節體現完美，在每一個蘇寧人看來，細節服務是完美服務的體現。雖然服務永遠難以達到完美的境界，但企業以實際行動做好細節服務，表明了企業追求完美的信心和決心。在顧客的心目中，一個追求細節服務的企業，其產品的品質將無可挑剔，從而產生對企業的高度信任。

細節服務不僅可以反映出一個企業的道德水準、責任感和價值觀，還能體現出一個企業的服務特色，這種特色服務，往往可以撐得起一個企業的服務品牌。另外，在競爭激烈、服務同質化的今天，一個細節可能就是經營上的一大亮點，往往能為企業帶來意想不到的財富。

在蘇寧就有這樣真實的例子發生。蘇寧的一位送貨工人，有一次幫一位家住六樓的老人送貨，送完貨出門時，無意中看見門口有個垃圾袋，於是就順手幫老人把垃圾袋提下了樓。老人看到了這一舉動，十分感動，隨後就打電話給蘇寧服務中心表揚說：

「我兒子出門都沒想到要把垃圾帶出去，你們一個送貨工就想到了。蘇寧能培養出這樣的工人非常了不起。」這一事件逐漸在消費者中傳播開來，蘇寧良好的服務口碑，吸引了越來越多的消費者。

真誠融於細節，細節展現完美。針對細節服務，蘇寧還提出了「陽光服務」這一創新服務理念。十分巧合的是，蘇寧的中文拼音「suning」就是由英文的「sun」（太陽）和「ing」構成，「suning」的意思就是一直沐浴在陽光下。這正好與張近東的服務理念相吻合，他的目的就是要讓每一位消費者在蘇寧購物，就像經歷了一次開心的陽光之旅。

正是堅持著「服務是蘇寧的唯一產品」這一企業文化理念，蘇寧電器才贏得了眾多消費者的喜愛。一流的企業看文化，二流的企業看創新，三流的企業看利潤。處於現在這個時代，變革和文化是成功企業不可缺失的先決條件。企業的文化基因必須滲透到每個員工的內心裡，培養企業的文化情懷，才能使整個企業得到更大的發展。

良好的售後服務總令顧客感到溫馨滿意。而凡是對售後服務漫不經心的商家，消費者總有一種「過河拆橋，卸磨殺驢」的感覺。這種不良感覺自然影響到顧客對企業的信心。創業者必須意識到，服務是現代經營者不可缺少的手段，企業要想擁有一個良好的信譽，為企業發展創造更好的條件，必須依靠優質服務。誰能在服務上下工夫，贏得客戶的心，誰就能贏得市場。

馬化騰：小企鵝的感情行銷策略

　　在大陸互聯網有一個廣為流傳的「定律」解釋騰訊的成功：有龐大的 QQ 用戶做支撐，騰訊擴張新業務幾乎是撒豆成兵，做什麼成什麼。

　　一九九三年馬化騰畢業於深圳大學電腦科系，一次偶然的機會，馬化騰接觸到了 ICQ，一個以色列人開發的即時資訊傳遞工具，馬化騰對它非常感興趣。但他覺得 ICQ 雖然具有在電腦上提供即時訊息功能，但是有一個很大的缺點，即 ICQ 版本沒有中文的，用起來很不方便。

　　於是馬化騰和幾個朋友一起成立了一家公司，決定仿照 ICQ，做一個中國的 ICQ。

　　一九九八年十一月，馬化騰和張志東創建騰訊，最初業務是想為一些尋呼台做系統集成。為了在辦公室即時溝通方便，馬化騰等幾個技術人員模仿以色列 ICQ 開發出了中國版 OICQ，沒想到幾個人的一時興趣之作，成就了今天風靡大江南北的小 QQ。

　　一九九九年初的某一天，OICQ 軟體被掛在網上免費下載，用戶數竟然呈幾何級數增長。但 OICQ 初期的發展頗為艱難，幾次差點兒被賣掉，直到後來遇到了有遠見的投資者，OICQ 才結束了命懸一線的命運，而 OICQ 經過幾次的脫胎換骨，也變成了更受用戶歡迎的 QQ。

　　最初的免費下載大大加速了 QQ 的「圈地運動」進程，著實為騰訊提升了不少人氣。但是即時通信軟體作為新興事物，並

沒有成熟的盈利模式，不過這種沒有盈利模式的「虧損」，恰恰給了 QQ 快速增長的機會——換來了註冊用戶的「瘋長」。

在這些註冊用戶中，年輕人占了大多數，他們是大陸最具有消費潛力的群體。騰訊抓住這一商機，把目標客戶群鎖定在年輕人身上。他們情感豐富，喜歡新奇事物，喜歡玩個性，而這一切 QQ 都能為他們提供。久而久之他們就對這只可愛的小企鵝產生了一定的情感寄託，這使得 QQ 能夠受到年輕人的喜愛並迅速蔓延開來。正是這群年輕人，一次次為 QQ 陸續推出的新業務而付費。

目前騰訊的主要營利分為三部分，即互聯網增值服務、移動及通信增值服務和網路廣告。其中無線增值服務部分一直占到公司營收總額的百分之五十五到七十五。

騰訊無線和固網業務，主要為用戶提供 QQ 與手機或其他終端互聯互通的即時通信及增值服務。

騰訊無線增值業務資費分為通信費和資訊服務費兩部分。通信費是佔用電信運營商的網路資源產生的費用，由電信運營商完全享有；資訊服務費由使用者使用騰訊提供的應用服務和資訊服務產生，這部分收費一般由騰訊和電信運營商按照事先約定比例分成。

移動 QQ 聊天讓騰訊真正地走向了盈利的軌道。通過網路註冊的 QQ 號碼與手機號碼綁定，讓手機成了移動的 QQ，用戶可以隨時隨地接收線上好友的資訊，而通訊模式也從原來單純的「PC 對 PC」聊天模式，發展到「PC 對手機」及「手機對 PC」的互動模式，極大地方便了使用者，使 QQ 短訊業務量大增。

騰訊的互聯網增值業務，是在騰訊公司的核心服務即時通訊平臺基礎之上，為 QQ 用戶提供更加豐富多彩的個性化增值服務，其主要服務包括會員特權、網路虛擬形象、個人空間網路、

網路音樂、交友等。互聯網增值服務主要以網路社區為基礎平臺，通過用戶之間的溝通和互動，激發用戶自我表現和娛樂的需求，從而給使用者提供各類個性化增值服務和虛擬物品消費服務，這其實也是消費者情感需求的一種體現。從這個意義上講，騰訊賣的不僅僅是通信平臺，更是一種情感。

馬化騰知道，滿足使用者的情感需要，才是虛擬商品的真正價值所在，所以騰訊不只是賣通訊、賣服務，更重要的是在賣情感。一切以使用者價值為依託，深層次挖掘客戶的情感，利潤才能滾滾而來。為此，騰訊要求員工不僅要懂技術，而且要通過自己的情感引申到用戶的需求，然後再將這種情感進行包裝，內化到騰訊提供的每一項服務。

從以上對騰訊公司盈利模式的分析中可以看出，騰訊雖然表面上在為客戶提供一種即時通訊服務或者其他個性化服務，但在本質上是向客戶行銷一種情感寄託的平臺。

與其他互聯網公司一樣，騰訊公司還有一部分營利來自於網路廣告，主要是通過在即時通信的用戶端軟體及在 QQ 的門戶網站上，為廣告商提供網路廣告來營利。

從找不到合適的營利模式，靠一個小小的 QQ 軟體起家，到成功在香港上市，騰訊一方面創造了奇蹟，另一方面也成功應對了競爭對手的種種挑戰。

情感從心理學的角度來說就是闡述心靈的學問，而企業行銷也正是在揣測和把握消費者心靈的基礎上，來佔領消費者的心志，情感是企業行銷創意的有效手段。成功的企業賣的不僅僅是商品，騰訊就是通過揣摩用戶的感情需求，推動制訂有效的產品行銷策略。

隨著社會生產能力的增強，賣方市場完全被顛覆了，經濟活動的整個過程由消費方來決定如何進行，消費者成了上帝。產品被成批成批地生產出來，可謂琳琅滿目；生產方也愈來愈多，可謂花樣百出。消費者在這花花世界中，花了眼，亂了心，下不了手。推銷工作百分之九十八是感情工作，百分之二是對產品的瞭解。感情在整個行銷過程中起著一種點燃的作用，行銷革命需要它的點燃。推銷大王説，顧客買的不單單是產品，還有態度、服務和感情。因此要學會給消費者放一點感情債，那麼就會讓消費者覺得虧欠你的。

王中軍：打造中國「好萊塢」

　　不可否認，王中軍稱得上大陸影視業的「大腕」，在他的帶領下，華誼兄弟傳媒公司取得了長足的發展和進步。這些業績的取得，得益於王中軍對影視劇市場有著敏銳獨到的眼光和決策能力，以及在資本運作方面的一套獨特的理念。

　　他率先探索出了「賀歲片」系列，率先與國際電影公司合作並參與全球票房分帳，並且堅持宣導「大投入、大製作」的電影生產模式，這些對業界的巨大貢獻，在增加了自身財富的同時，也奠定了他──中國娛樂圈「大腕」的地位。

　　王中軍一九六〇年出生在北京的一個軍人家庭，自幼酷愛繪畫。二十世紀七〇年代，軍人子弟興當兵，一九七六年，王中軍初中還沒有畢業就參軍入伍。六年後他復員回到北京，在國家物資總局物資出版社任美術編輯和攝影記者，有時還為人拍廣告、掛曆。之後，又承包了一家公司的廣告部，生活和生意都沒有大的起伏。三年後，他突然跑到美國留學了。

　　不知他是通過什麼途徑去的美國，按他說的就是「想到外面混混，掙點錢」。

　　「在美國待了五年，真是什麼苦都嘗遍了。」王中軍後來回憶說，「送外賣時，有時一天工作十六個小時。回到家必須先休息半個小時，才有力氣去洗澡。那時五美元以上的鞋沒買過，衣服經常穿一個星期才換。」

　　不管多累多苦，目標是達到了。五年下來，他不僅拿到美國紐約州立大學大眾傳媒專業碩士學位，還積攢了十萬美元的資

本。

　　一九九四年，他回到北京。在當時有十萬美元是相當不簡單的。全家商定，由王中軍領頭，和兩個弟弟幹他的老本行，辦一家廣告公司。當時他的大哥經商已經有所成就。於是兄弟三人共同投資一百多萬元，創立了名為「華誼兄弟」的廣告公司。

　　接下來的一兩年平淡無奇，但一個機遇在等著他。以前大陸的銀行和企業極少有統一的標誌，更談不上統一標準的營業場所裝飾。一九八七年，中國銀行請香港著名商標設計家靳埭強先生設計出了本行的行徽，在國際設計展中獲獎，但直到一九九五年尚未形成全國統一營業廳的外觀內飾。於是王中軍毛遂自薦，建議中銀著手這一標準化規範工程，並表示願意做這方面的工作，中行一聽正中下懷。王中軍立刻動手，去美國採購材料，找加工廠拿出樣品，前後只用了不到一個月的時間。

　　中行將各個廣告公司的設計統一展示，王中軍的樣品獲得一致好評，於是華誼拿下了中行全國一萬五千多家據點的標準化規範工程。此後，其他商業銀行、重要企業都紛紛效仿中銀，請名家或名設計所設計企業標誌。國家電力、中石化、農業銀行、華夏銀行等好多大企業都委託華誼來做銀行卡、牌匾和營業場所的設計，一時間，客戶排隊，訂單不斷，公司賺得盆溢缽滿。華誼公司的業務也從策劃發展到裝飾材料的製作、安裝。

　　王中軍後來總結這一次運作的成功經驗時說：「在中國做生意很簡單，只要你認真地執行『拿來主義』，依照中國國情和自己的經濟實力，走歐美走過的發展道路就行。這個階段不可能被越過。」

　　也可以說眼光獨到，也可以說好運當頭，王中軍家的華誼兄弟公司在成立不到三年的時間，就賺了四、五千萬元，讓一般廣告公司望塵莫及。

　　依靠廣告起家的王中軍轉向投資電影業，似乎也屬偶然。一九九八年的一天，王中軍在路上碰見了他出國前在廣告公司的同事劉曉玲，一直在電視劇圈裡做事的劉曉玲，告訴王中軍拍電視劇怎麼怎麼賺錢，王中軍有些心動。

　　很快，王中軍投資拍了第一部電視劇《心理診所》。雖然沒有拍戲的經驗，但有做廣告的優勢，王中軍對電視劇進行了很好的推廣，結果這部戲盈利一倍。嘗到甜頭，王中軍從此一頭紮進電影圈裡，越做越大、越做越上癮。

　　一九九八年華誼兄弟廣告公司一口氣就投了《沒完沒了》《鬼子來了》和《荊軻刺秦王》三部影片。三部片子社會反響都很不錯，但只有《沒完沒了》賺了錢，其他兩部，按王中軍的說法，只是賺到了很大的名聲。當然賺到名聲也是不錯的，經商，名聲很多時候是第一位的。

　　「其實當時投資的時候並沒有想到華誼會變成一家電影公司，」王中軍的弟弟王中磊說，「那時候只是覺得公司需要新的出路，如果一直走以前的老路，只會越走越窄。」

　　王中軍說他投資拍電影前，還不知道拍電影是怎麼回事兒，但他知道用人。例如他和馮小剛就建立了長期合作關係。他說：「當時只談了幾分鐘不到，就確定馮小剛在華誼兄弟建工作室。然後粗略算了一下，他要租辦公室、雇司機等，一年六十萬元，馮小剛就開始為華誼兄弟拍電影了。」

　　馮小剛從此成了華誼的搖錢樹。十幾年前拍的《沒完沒了》，票房三千三百萬元，是當年冠軍。後來連續幾部大片都是當年冠軍，《手機》票房五千四百萬元，《集結號》為二點七億元，《非誠勿擾》為三點六億元，《唐山大地震》約七億元，將其他影片遠遠拋在後面，徹底刷新中國電影史上的票房紀錄。

　　王中軍與馮小剛的組合，無疑是中國娛樂圈裡的最佳拍檔之

一。用現在的眼光來看，很難說清是華誼兄弟成就了馮小剛的成功，還是馮小剛成就了華誼兄弟的輝煌，抑或是二者的完美結合，成就了中國娛樂圈裡一道炫目的風景線。總之，對於觀眾而言，他們聯手奉獻出來的一部部的電影作品，才是最真實、最有力度的。

除了王牌馮小剛，王中軍對自己公司的人才儲備也是比較得意的。他覺得在大陸的傳媒公司中，華誼兄弟是做得非常好的一家。「我在用人上算是有點膽量，和別人談的時候都包含著巨大的誘惑。」說起華誼的一班兄弟，有一個一直讓王中軍感到驕傲的人才，也是最先投資的年輕導演——陸川。

當年，《可哥西裡》的劇本送到王中軍手裡的時候，陸川還只是一位名不見經傳的北電導演系的碩士研究生，而且這個劇本在圈中已經轉了三年，因為陸川一直沒有找到願意為這部電影投資的人。然而王中軍卻慧眼識英雄，與陸川簽約，並成立了「陸川工作室」。當然，陸川也沒有讓王中軍失望，《可哥西裡》不僅在大陸一炮走紅，而且在世界影壇上也獲得了大獎。而最讓王中軍滿意的是，這部片子還為華誼兄弟帶來了超高附加值的「品牌效應」，「這說明我們不光能拍那種大成本的商業片，也可以做這種公益題材的電影，而且可以拍得很好看」。

華誼公司先後和多位大腕導演合作，其經紀公司旗下已有近百位藝人，成為規模最大也是最賺錢的明星經紀公司。他的旗下這樣一個強大的演職陣容，在影視界堪稱豪華。

如今，華誼兄弟公司是大陸唯一一家將電影、電視和藝人經紀三大業務板塊實現有效整合的傳媒企業。華誼兄弟已經成為大陸最大的私營電影公司，並在電影市場上演繹著資本化的進程。海外票房分成、多元化、重組、上市……在不知不覺中，華誼兄弟正改變著大陸電影人傳統的市場觀。

從打造大陸娛樂圈裡的金字招牌，到實行「抓大放小」的管理理念，再到打造完整的產業鏈，王中軍將自身獨特的「藝術氣質」，完美地融入商業運作的各個環節，從而探索出大陸民營資本在文化領域裡做大做強的新思路。

王中軍的「品牌＋人才」戰略，不僅讓他的財富與日俱增，還打造了「華誼出品，必屬精品」這張電影業的金字招牌。在不同的行業中，每一個成功的企業都有著與眾不同的優勢，但在「品牌建設」這一點上，可以說又有著類似的理念基礎。每一個行業巨頭都打造了屬於自己的品牌，而「品牌效應」反過來帶給企業的也不僅僅是財富，還有在廣大消費者心中良好的聲譽。

霍華德·舒爾茨：去星巴克體驗「咖啡之道」

　　星巴克咖啡，是近年來很火的著名跨國品牌。星巴克能夠盈利並且迅速推廣的真正理由是什麼？從產品角度看，它並不是以產品致勝，替代性產品和競爭性產品比比皆是；從服務角度看，它也不是服務致勝，自助式的服務頂多讓消費者感到「平等」，個性化服務根本談不上。另外，很多搞專業的人還曾質疑它的凌亂，除了星巴克的招牌統一之外，其他很多東西是違反理論的。在特許加盟方面，星巴克更是讓人不清楚它的方式。

　　人們在分析它成功的原因時，常常引用其總裁霍華德·舒爾茨的一個說法：「星巴克出售的不是咖啡，而是對於咖啡的體驗。」我們由此得出結論：商業已經由產品經濟向體驗經濟轉型了。

　　星巴克公司創辦於一九七一年，公司主要銷售咖啡。從一九七一年西雅圖的一間咖啡零售店，發展成為當今國際最著名的咖啡連鎖品牌店。目前它的店鋪已遍佈世界各地，二〇一一年八月的統計數字超過一萬五千家。除出售咖啡外，星巴克還出售自己品牌的咖啡機、音樂製品和糖果。

　　一九八三年，一次義大利之旅改變了舒爾茨對公司的觀念。他為咖啡館在義大利人生活中所處的重要位置深感震驚，並且為星巴克構思了相似的概念。在他的想像中，一個咖啡館應該成為客戶生活的一部分，成為他們每天除家和辦公室之外的「第三個去處」，他們可以在一個安全的場所放鬆下來，還能享受到一種社區的感覺。

　　但是星巴克當時的所有者並不滿意他的構想，因此舒爾茨於一九八五年離開這家公司自立門戶，開辦了自己的「每日」咖啡館。到了一九八七年，「每日」已經有了三家連鎖店。同年，舒爾茨聽說他的老雇主要把店面、烘焙廠和品牌一起賣掉的消息後，立即籌資四百萬美元收購了星巴克，他自己成為星巴克的大股東和首席執行官。

　　星巴克特別強調它的文化品味。它的價值主張之一是，星巴克出售的不是咖啡，而是人們對咖啡的體驗。類似東方人的茶道、茶藝。茶道與茶藝的價值訴求不是解渴，而是獲得某種獨特的文化體驗。

　　星巴克的成功在於它創造出「咖啡之道」，讓有身分的人喝「有道之咖啡」。星巴克這個名字來自美國作家麥爾維爾的小說《白鯨》中一位處事極其冷靜、極具性格魅力的大副。他的嗜好就是喝咖啡。麥爾維爾在美國和世界文學史上有很高的地位，但麥爾維爾的讀者並不算多，主要是受過良好教育、有較高文化品味的人士，沒有一定文化教養的人很少會讀《白鯨》這部書，並知道星巴克這個人。

　　星巴克咖啡的名稱暗含其對顧客的定位──它不是普通的大眾，而是有一定社會地位、有較高收入、有一定生活情調的人群。

　　為了營造星巴克的「咖啡之道」，星巴克分別在產品、服務上創造自己獨特的品牌價值。星巴克所使用的咖啡豆都是來自世界主要的咖啡豆產地的極品，並在西雅圖烘焙。他們對產品品質的要求達到了發狂的程度。無論是原料豆及其運輸、烘焙、配製、配料、水的濾除，還是最後把咖啡端給顧客的那一刻，一切都必須符合最嚴格的標準，都要恰到好處。在服務方面，星巴克公司要求員工都要掌握咖啡的知識及製作咖啡飲料的方法。除了

為顧客提供優質的服務外，還要向顧客詳細介紹這些知識和方法。

星巴克公司塑造品牌，非常注重顧客滿意度。星巴克將咖啡豆按照風味來分類，讓顧客可以按照自己的口味挑選喜愛的咖啡。口感較輕，香味誘人，並且能讓人精神振奮的是「活潑風味」；口感圓潤，香味均衡，質地滑順，醇度飽滿的是「濃郁風味」；具有獨特的香味，吸引力強的是「粗獷風味」。

在環境佈置上，星巴克公司努力使自己的咖啡店成為「第三場所」，即家庭和工作以外的一個舒服的社交聚會場所，成為顧客的另一個「起居室」，既可以會客，也可以獨自在這裡放鬆身心。在這種時尚且雅致、豪華而親切的濃郁氛圍裡，人們放鬆心情，擺脫繁忙的工作，稍事休息或是約會，得到精神和情感上的調整。可以說，星巴克的這個目標實現了，因為有相當多的顧客，一月之內會十多次光顧咖啡店。

星巴克一方面鼓勵顧客之間、顧客與星巴克員工之間，進行口頭或書面的交流體驗；另一方面，也鼓勵員工之間分享在星巴克的工作體驗。無論是其起居室風格的裝修，還是仔細挑選的裝飾物和燈具，甚至到煮咖啡時的嘶嘶聲，將咖啡粉末從篩檢程序敲擊下來時發出的啪啪聲，用金屬勺子鏟出咖啡豆時發出的沙沙聲，都是顧客熟悉的、感到舒服的聲音，都烘托出一種「星巴克格調」。

星巴克人認為自己的咖啡只是一種載體，通過這種載體，星巴克把一種獨特的格調傳送給顧客。這種格調就是「浪漫」。星巴克努力把顧客在店內的體驗，化為一種內心的體驗——讓咖啡豆浪漫化，讓顧客浪漫化，讓所有感覺都浪漫化……

研究表明，百分之六十以上成功企業的首要目標，就是滿足客戶的需求和保持長久的客戶關係。相比之下，那些業績較差的

公司，這方面做得就很不夠，他們更多的精力是放在降低成本和剝離不良資產上。

　　星巴克除了利用一些策略聯盟幫助宣傳新品外，幾乎從來不做廣告。星巴克給品牌市場的傳統行銷理念帶來的衝擊，同星巴克的高速擴張一樣引人注目。在各種產品與服務風起雲湧的時代，星巴克卻把這種世界上最古老的商品之一，發展成為與眾不同的、持久的、高附加價值的品牌。

　　星巴克的成功，主要在於它是市場的產物，它的一切都是在市場這隻「無形的手」中雕塑完成的。如果上升到理論高度來評判星巴克，則可以説星巴克充分運用了目前最熱門的「體驗」，來作為其致勝的「行銷工具」。在「體驗經濟」運用巧妙的情況下，其他問題迎刃而解。現代的供需市場，商品已不再是傳統的實物產品和服務，只要是人們感官所能接納的一切，都可以從中衍生中商品屬性來。只要敢於挖掘，普通商品也能產生意外的附加價值。

Chapter **06**

堅忍不拔，
創業者在逆境中成長

陳安之：停下來是為了更有力量地前行

　　人生從來都沒有真正的失敗，只有成功路上的停頓，如果你把這個停頓就當成了結束的符號，那麼你也就真的離失敗不遠了；如果你只當它是成功路上的一個停頓，那麼你仍然有力量繼續前進。正是明白了這樣的一個道理，陳安之才有了後來的成功。

　　十四歲的時候，陳安之被父母送到了美國生活，在美國他看到那些世界級的成功人士富有的生活，便開始幻想自己有一天也能夠成為世界級的成功人士，所以在他十六歲那年，陳安之就開始了自己的半工半讀的生活，他希望自己能夠在美國再創造出一個從底層到億萬富翁的奇蹟故事。

　　可惜，他不但沒有創造出奇蹟，而且到了最後，連他的姑姑都炒了他的魷魚，不讓他在自己的公司裡面上班。陳安之十分灰心，掐著手指算算，自己從十六歲到二十一歲之間做過的工作：推銷過汽車、化妝品，也批發過巧克力、電話卡，甚至還賣過菜刀，足足做過十八份工作，也經歷過十八次失敗。

　　前途在哪裡？陳安之自己也不知道，他只知道自己曾經雄心勃勃地訂下不少於四十個人生目標，到現在為止一個也沒有實現。這還不是最可怕的，最可怕的是接到家裡的電話，每當父母和姐姐問他生活得怎樣的時候，他都只能是用謊話欺騙自己的家人，說自己挺好的，事業發展得不錯，按照這樣的發展，估計過不了多久，就可以開上賓士了。可是放下電話的一剎那，陳安之卻覺得自己是那麼無助，存款為零，房租還欠了兩個月，再不

交，就有可能被趕出去。

一天，已經窮得揭不開鍋的陳安之，忽然記起一位朋友還欠自己一百美元，於是他跑去向這位朋友要帳，誰知這位朋友卻拿不出錢來，陳安之於是一屁股坐在朋友的家裡不走了，朋友沒有辦法，從身上掏出一張票對陳安之說：「我有一張安東尼‧羅賓演講的入場券，如果你有興趣去看的話，就用這張票抵消我們之間的債。」陳安之覺得十分好笑，於是不屑地說：「安東尼‧羅賓是誰？他的演講票怎麼就能抵消我的一百美元？」朋友說：「安東尼‧羅賓是當今世界上頂級的潛能激發大師，他二十四歲前還是一貧如洗，二十四歲卻成為百萬富翁。」陳安之一聽，不由得眼前一亮，馬上拿過朋友的票說：「好，這張票就抵消我們之間的債務了。」

在安東尼‧羅賓演講現場，也許是陳安之的東方面孔吸引了安東尼‧羅賓的注意，於是他特意把一次提問的機會給了陳安之，陳安之拿著話筒百感交集，不由得把自己這些年來屢戰屢敗，看不到一絲成功的曙光的複雜心情，一股腦地說給安東尼‧羅賓聽，最後還對安東尼‧羅賓說：「您說我該怎麼辦？我希望得到您的指點。」

安東尼‧羅賓聽完之後，先是開心地笑了，然後大聲對陳安之說：「過去不等於未來，過去失敗了並不代表你下一次不能成功。你現在首先要做的，就是立刻把你過去的歷史忘得乾乾淨淨，而今天就是你新的開始。還有我要讓你記住的是，你沒有失敗！這只是你在成功路上暫時停頓了一下，所以你完全沒有必要灰心，要知道只要你一行動起來，成功又會馬上回到你的身邊。」

原來自己從來都沒有失敗，這一切只是成功路上的暫時停頓，陳安之頓時如醍醐灌頂，茅塞頓開！他終於明白了，人生其

實沒有失敗，只有成功路上的暫時停頓，只要自己不懈地努力追求，那麼成功就會伴在自己的身邊。也正是明白了這樣的道理，陳安之後來成為一位國際級勵志成功學大師。他被尊稱為「信心和潛能的激發大師」，他也是全亞洲最頂尖的演說家——每小時演講費高達一萬美元，演講時場場爆滿，掌聲不絕，激勵了無數人奮發向上，突破瓶頸，實現成功致富。

創業之路上，我們要做的是不把失敗當成失敗，而只是把每一次失敗當成自己成功前的停頓，那麼我們就有了無窮的力量去面對一切。創業不可能一帆風順，總會遇到這樣那樣的問題，出現問題遇到失敗也不必埋怨，更不能自暴自棄，而應該冷靜分析失敗的原因，積極尋找對策，重整旗鼓。

　　洛克菲勒說：「你要成功，就要忍受一次次的失敗。」這一點，有人說得更為有趣：成功的秘訣就是「加倍你的失敗次數」。一個人成功必須採取大量的行動，不管做任何事情都一樣。你行動的次數越多，你失敗的次數也就越多，然而失敗的次數越多，就越可能有成功的機會。只要成功的機率不是零，就應該繼續行動。每失敗一次，你成功的希望就多一分。只有經歷失敗，才會汲取教訓和積累經驗，為下一次的成功作好準備。

郭俊峰：失敗是最好的老師

　　人不能總企求永遠在陽光下生活，在人生中沒有失敗和挫折是不現實的，也是不可能的。對創業者而言，碰上失敗和挫折之事更是常見，簡直可以這樣說：「勝敗乃創業者之常事。」畢竟創業者擁有的資源與經驗很有限。

　　有句話叫做「好事多磨」，創業更是如此，經歷一次又一次的失敗而絕不放棄，是成功者的主要特徵。

　　郭俊峰喜歡在閒暇的時候給身邊的人說這樣的一個寓言：一條獵狗漫山遍野地追逐兔子，卻一無所獲。要知道獵狗只不過為了一頓晚餐而跑，牧羊犬嘲笑它無能，獵狗回答說，「你要知道，兔子可是為了性命而跑的呀。」

　　講完之後，郭俊峰會指著自己的鼻子說，當年我就是那隻兔子，為了身後的二十多萬元的債務，我在深圳市狂奔，渴望通過一切辦法把債務還清。的確，郭俊峰能夠到深圳，得「感謝」他的兩次受騙上當的經歷，這兩次受騙把郭俊峰逼到了絕境，如果不是想著家裡還有年邁的父母，擔心自己的自殺會給父母帶來一生的噩夢，也許郭俊峰早就兩眼一閉，選擇自殺了。

　　說到郭俊峰的受騙，在今天看來，那都是小兒科，只要是一個頭腦稍微聰明一點的人，就不可能受這樣的騙。可是在一九九九年，當時的郭俊峰還是鄭州大學的學生，也許是一心想著發財，所以當一家廣告公司的老闆孫某拍著胸脯對郭俊峰說，只要在他的廣告公司投十五萬元的資金入股，到了年底就肯定能夠分到二十萬元的紅利，而且第二年、第三年還可以繼續分紅。十五

萬元，頭一年就能分二十萬元的紅利，多麼誘人的前景。郭俊峰沒有猶豫，當天就買了車票回家找父母要錢，一生土裡刨食的父母一聽說要十五萬元去投資，臉都嚇灰了，別說十五萬元，家裡一萬元也拿不出來。於是郭俊峰的父母一口就回絕了他的要求，郭俊峰一見父母不同意，馬上就對父母說他不回學校上課了，他要在家裡絕食，因為父母扼殺掉他唯一的發財機會，等於也扼殺了他的明天與未來。

　　一天過去了，兩天過去了，郭俊峰就這樣在床鋪上躺著，他的父親終於鬆了口，決定去借錢，借來借去，整整借了三天，所有的親戚朋友都借了個遍，給郭俊峰借來了八萬元，把沉甸甸的八萬元放到郭俊峰的手裡，郭俊峰的父親說：「兒呀，如果這八萬元你虧了，那麼父親的這張老臉也就沒了……」

　　帶著從父親手裡借來的八萬元，郭俊峰又通過同學朋友幫助，又借來了七萬元，當十五萬元給了孫某的廣告公司之後，郭俊峰做所有的夢都帶著鈔票，只要一閉眼，就是年底的分紅。可是一段時間過去了，打廣告公司的電話，竟然成了空號，打孫某的手機，也變成了停機，郭俊峰嚇呆了，趕緊趕到廣告公司，卻發現公司的大門緊鎖，問旁邊的人，說一個星期前就沒有人上班了。

　　郭俊峰剎那間覺得天旋地轉，十五萬元呀，自己在父母面前口口聲聲承諾一年兌現的十五萬元呀。郭俊峰再也沒有心思讀書了，他的大腦裡面只有賺錢、賺錢！

　　為了能夠早日賺到這十五萬元，郭俊峰天天都在生意場上混，一天，他聽別人說深圳的花生油比河南貴很多，一斤花生油賣得好的話，可以賺到兩、三元。話還沒有聽完，郭俊峰就決定做花生油生意，沒有本錢，但有一張好嘴，憑著自己的三寸不爛之舌，拍著胸脯作保證，還真的賒來了十噸的花生油殺向深圳。

　　到了深圳，找到熟人介紹的一位當地的朋友存好油，郭俊峰就開始找買家，誰知道當郭俊峰終於找好了買家，打開倉庫大門取油的時候，卻發現十幾大桶的油，只剩下六桶！再打這位朋友的手機，又是關機。

　　哲學家說人不能兩次踏入同一條河裡，郭俊峰卻在一年內經歷了兩次相同的騙局。怎麼辦？郭俊峰蹲在地上，看著一地的煙頭，他忽然間想到了自殺，可就在要自殺的時候，他想到了自己的父親，想到父親遞給自己錢時，那雙顫抖著的手，他的心一下子縮緊了，他對自己說：「我不能死！我要賺錢，賺到足夠的錢，把債還掉，這才對得起父親。」

　　為了還債，郭俊峰開始了他的賺錢之路。他不再好高騖遠，而是什麼事情都做，賣涼茶、在天橋上賣運動手錶、推銷電話卡，只要是賺錢，他什麼都做。就這樣，憑著自己比別人吃更多的苦，付出更大的努力，郭俊峰不但還清了所有的債，還擁有了自己的「越眾企業管理諮詢有限公司」，並且根據自己的人生經驗，為大學生提供全程的創業指導。

　　今天，許多人都說郭俊峰可以鬆口氣了，不用再擔心後面的那隻負債的「獵狗」會撲上來了，但郭俊峰卻說：「我必須不時地提醒自己，那隻獵狗就在身後，要知道只有為了保護自己性命的狂奔，才真正能夠永遠地跑在別人的前面。」

　　絕境之中蘊涵著不可估量的力量，人若是真的感覺到被置於死地了，就能夠後生！因為這個時候爆發的潛力是巨大的。有位名人說過：「真正的幸福，往往以痛苦、損失和失望等形式出現，此時我們必須堅持住，因為它們不久就會以真面目出現在我們的面前。」

　　只有堅持不懈，不半途而廢，才有可能成功。失敗是人生的「精神補品」，因為每戰勝一次挫折，都強化了自身的力量，為下次應付挫折提供了「精神力量」。人生中的失敗挫折既有不可避免的一面，又有正向和負向功能；既可使人走向成熟、取得成績，也可能破壞人的前途，關鍵在於怎麼樣對待失敗與挫折。困難、艱難、考驗，在我們走向幸福的人生旅途上碰到的這些障礙，實質上是好事，它們能使我們的肌肉更結實，使我們學會依賴自己。艱難險阻並不是什麼壞事，它們是我們力量的源泉。

林志鵬：心懷希望方能柳暗花明

　　有這樣的一個故事：在古時候，有一個人因惹怒國王而被判了死刑，這個人向國王請求饒恕一命，他說：「只要給我一年的時間，我就能使您最心愛的馬飛上天空。如果過了一年，您的馬不能在天空自如飛翔的話，我寧願被處死刑，絕不會有半點怨言。」國王想了想就答應了他。

　　這位死囚犯回到牢房，另一位囚犯問他：「馬怎麼能飛上天空？一年之後你不照樣死嗎？」

　　這個囚犯笑著回答說：「老兄，這可是一年呀，一年當中我還有許多希望，也許這一年國王忽然良心發現，大赦天下，也許這一年這匹馬出了意外送了命，反正這一年什麼都可能發生，你又怎麼能夠說我一年後會死呢？」

　　的確，人只要心底有了希望，什麼事情都有可能發生，更不用說馬飛上天了。

　　和妻子離婚那天，眼睜睜地看著妻子帶著心愛的女兒離開自己，林志鵬回到只有一個人的家裡，抱頭痛哭。他們本是幸福的一家，但只因為夫妻倆都不喜歡做飯而產生矛盾，導致感情破裂，再次恢復單身的林志鵬，現在不得不自己做飯了，而讓他想不到的是，他以後的人生竟然與做飯的鍋結下了不解之緣。

　　離婚後，林志鵬在事業上也是一波三折。他先是應聘到九陽小家電公司上班，雖然他懂市場行銷又懂設計製造，是行業難得的人才，但卻因為太輕狂，最後他只得離開九陽。

　　離婚已八年的林志鵬再次回到北京，想要找一個可以操作

的、新的小家電產品。當他再次面對冷鍋冷灶,滿腹的辛酸又湧上心來,更讓他感受到「民以食為天」的深刻含義,於是他決心要做一口省心省事的鍋,可以煲湯,可以自動燒菜,可以自動炒菜,不會溢鍋,更不會糊鍋,菜進鍋人就不用再管,菜做好時可以自動斷電保溫,做出的菜味道可以和飯店大廚一拼高下。

學控制論專業的林志鵬,自信能夠造出這樣一種煮、燜、炒三位一體的全自動烹飪鍋,他找到了合夥人,組成一個「四人董事會」,投資三百多萬元來做這項研發工作。然而,當林志鵬的「捷賽廚電」剛成立,就突然神秘地消失了一位董事,沒多久,另一位合夥人也提出退股。剩下的合夥人和員工,也對林志鵬的設想能否成功始終充滿懷疑。更讓林志鵬如當頭一棒的是他辛辛苦苦研製出來的樣品,居然不能準確地測溫,這樣的鍋要是做飯,要不就是做不熟,要不就會把飯菜燒焦。而這個時候林志鵬已經把房子和車子都賣光了!

沒有退路的林志鵬硬著頭皮,揣著最後剩下的兩萬多元可憐的流動資金,悲壯地來到深圳關外尋找他最後的一線希望。他租了一間簡陋的民房,然後到五金 IT 配件集散地搜尋,每天和市場裡的人一起上下班,人家是賣貨,他是一間鋪子一間鋪子地找,希望能找到他夢想中的能夠精確測溫的絕緣導管。他幾乎把看到的所有具備測溫系統的鍋都買了回來,拆開來研究試驗,但大大小小的鍋!亂七八糟地堆滿了出租屋,但他迎來的卻還是失敗。

一個月過去了,兩個月過去了,每一次滿懷的期待都變成重重的失望,夜裡他就躺在堆滿鍋的床上發呆,抱著鍋失眠,天亮後,又去集散地搜尋。

他心中的希望越來越渺茫,而一位熱敏電阻廠的高工又直接告訴他說,曾經有很多大企業花了好多年時間也想做成這種鍋,

但最後都是因為無法解決測溫的問題而宣告放棄。原來這項技術早被大企業「判了死刑」，林志鵬聽了差點昏死過去！

站在深圳繁華的街頭，想到傾家蕩產、妻離子散的自己，現在和一個流浪漢沒有絲毫區別，林志鵬突然感覺自己已經走到了絕路。既然老天爺要逼他死，那就放鬆一點死吧。他把身上最後的一點錢拿出來，走進一家電影院。

當林志鵬聽到電影中的一句台詞：「一個心中永遠充滿希望的人，走到哪裡，腳下都是生路。」他的心突然一顫：如果我承認了失敗的現實，就意味著放棄希望，那我所做的事就一直只是在忙著死；但我要是不承認失敗，就不會放棄希望，那不管我做什麼，都是在忙著生。他馬上站起來，走出電影院，因為他已經知道，自己可以輸一次、兩次或者更多次，但絕不可以承認自己失敗，絕不能放棄希望！

終於，就在林志鵬再次以為自己已經支持不住的時候，他在一個不起眼的小店裡，發現了一種耐高溫、抗高電壓且導熱性能好的聚合物絕緣導管，他終於成功了！但他發明的鍋並沒有馬上給他帶來財富，整整一個月，他用盡各種行銷手段，卻一口鍋都賣不出去，所有的人都絕望了，員工幾乎跑光，包括追隨他多年的老朋友。而他還是選擇了堅持，在經過反思後他調整了促銷方式，終於反敗為勝，出現了供不應求的局面。

林志鵬的鍋終於為他創造了巨大的財富，但他擁有的更大的財富是那句台詞：「一個心中永遠充滿希望的人，走到哪裡，腳下都是生路」。

有些人總喜歡說，他們現在的境況是別人造成的，環境決定了他們的人生位置，這些人常說他們的想法無法改變。但是，我們的境況不是周圍環境造成的。說到底，如何看待人生，由我們自己決定。只要稍微改變一下自己的想法，隨時都會有一條大道

在你前面。

　　樂觀的人是這樣看待生活和問題的，他們總是向前看，他們相信自己，相信自己能主宰自己的一切，其中包括快樂和痛苦。成功是美好的，但每個成功者都是從困苦中掙扎過來的。只有樂觀的人，也只有持樂觀生活態度的人，才能夠戰勝困苦和壓力，才能不斷地前進，從而走向成功。這種堅定不移、滿懷希望的精神，對創業者在面對各種困難時尤為重要。

郭少明：迎難而上，危機變轉機

　　有位哲人曾說：「我們的痛苦不是問題本身帶來的，而是我們對這些問題的看法而產生的。」任何事、任何人都要辯證地去看，這個道理誰都能理解，關鍵是自己身在其中時要清醒：順境時要冷靜、別浮躁；逆境中要自信、要積極等待，而且要從積極的方面看待人或事物。

　　生活中的危機，其實是上帝給的試金石，上帝就是想看看人們有沒有勇氣在危難之中尋找機會，是否懂得把不利變成有利，把被動變成主動，從而贏得自己人生的勝利。

　　郭少明看到超市開放式的商品經營模式，就決定把超市的這種經營模式，借鑑到自家那不到四平方公尺的化妝品櫃檯來，他做夢也沒有想到這種開放式的銷售模式一推出，就吸引了無數本港的消費者和外地遊客，還有一個日本的電視臺專門到香港採訪郭少明，說日本的遊客在香港最愛逛的就是他的莎莎化妝品店，所以他們的旅遊節目，決定把莎莎化妝品店作為這期節目的主題。

　　也正是這麼紅火的生意，讓商鋪業主決定提高店面的租金，郭少明必須在三天之內給他答覆，三天之內不答覆，那麼就租給別人了。郭少明以為業主只是隨便這麼一說，一個星期之後，郭少明才去找業主商量續租的事情，誰知道業主竟然真的把店面租給另外一家化妝品店。

　　眼看著店鋪的租約還有幾個月就要到期，怎麼辦？就算搬到別的地方，又怎麼能夠保證原來的客戶會跟到新的店來採購化妝

品呢？郭少明為了這件事急得滿嘴起泡，只要一和朋友們提起要搬店的事情，就搖頭歎息。剛好有位朋友要移民到加拿大去做生意，就勸郭少明想開些，世上又不是除了化妝品生意就沒有別的生意了，要不到加拿大去散散心，順便看看有沒有別的生意做。郭少明被朋友勸動了心，就和老婆一起來到了加拿大。

可是在加拿大不管怎麼逛、怎麼玩，只要一停下來，郭少明就會自然而然地去想自己的化妝品店的事，一想就再沒有精神繼續逛下去。他的這位朋友看著郭少明一副萎靡不振的樣子，不由得生氣起來，他對郭少明說：「你一個大男人，怎麼也和女人一樣拿不起放不下，不就是搬個店嗎？如果搬座山，那你還不得痛苦得死掉了？」郭少明搖了搖頭無奈地說：「我就這麼個人，其實我也不想這樣，可我一想到搬店帶給我的危機，我就難受。」朋友看著郭少明一臉失意的樣子，不由得對郭少明大聲喊道：「什麼危機，有危就有機，不去想辦法，不敢去面對，你永遠看不到困難裡面隱藏著的機會！」說完這句，朋友對郭少明揮揮手說：「你今晚就飛回香港去，別再在我面前難受了，我都替你臉紅。」

朋友的話深深刺激了郭少明，他決定面對這次搬店危機。一回到香港，他就租下了一個更大的店，然後把還有幾個月就要到期的老店搬空。搬空之後，郭少明專門雇了幾位帶客的員工，這些帶客的員工每天的工作任務就是待在老店，只要一有顧客進入老店，就告訴顧客莎莎新店的地址，並把顧客帶到新店裡面選購化妝品。

就這樣經過幾個月的帶客，莎莎新店的營業額不但沒有下降，還比原來的老店翻了四倍。這樣郭少明有了不斷開新店的資金，截止到一九九七年，他原來的莎莎化妝品店也已經成了莎莎國際控股公司。天有不測風雲，正是這一年，亞洲爆發了金融危

機，莎莎店的生意驟減，但此時的郭少明已經不是當初那個為了搬店就整夜睡不著覺的年輕人了，他在面對這場危機的時候，已經懂得從危機中尋找機會了，他發現在這樣的情況下，許多人都採取保守的方式，不是關門大吉，就是以不變應萬變，結果導致許多店鋪空閒，而那些空著的店鋪的租金就格外便宜。

郭少明決定抓住這次租金便宜的機會，大舉出手。他一口氣在香港各個繁華街區，開了十一間新店。此後，他又在新加坡、馬來西亞開設了多家分店。

後來的事實證明郭少明是對的，過了兩三年，經濟復甦，這些店給郭少明帶來了幾十億港元的收入。

現在的郭少明倒是喜歡自己的生活中不斷出現危機，他說太過平靜、太過沒有危機的生活，人會懶惰，會慢慢地失去激情。的確，生活中所謂的危機，其實是上帝給的試金石，上帝就是想看看人們有沒有勇氣在危難之中尋找機會，懂得把不利變成有利，把被動變成主動，從而贏得自己人生的輝煌。可惜卻沒有多少人懂得這個道理，他們只要一面對危機就嚇趴下了，哪裡還會看到危難裡面隱藏著的機會呢？

「禍兮，福之所倚；福兮，禍之所伏。」事物總具有兩面性，這是哲學上的辯證之道，古人早已懂得了這個道理。

有危就有機，能否「轉危為機」，不是靠冥冥中註定的命數，而是靠掌握著命運的自己。

　　創業既然是一個不斷摸索的過程，創業者就難免在此過程中不斷地犯錯誤。反省，正是認識錯誤、改正錯誤的前提。作為一個創業者，要時時探究自己的內心思想，看看自己是否存在一些思維定式。因為有時候並不是沒有機會出現，而是創業者由於思維定式，而對一些寶貴的商機視而不見，從而錯過了許多商機。遇到危機時，多多進行自我反省，不要拘泥於思維定式，轉危為安的機會馬上就會出現。

比爾‧鮑爾曼：壓力是企業進步的動力

　　有運動場的地方必有耐吉鞋，耐吉鞋已成為公認的世界名牌，世界體壇巨星大多穿的是耐吉鞋。多年來，耐吉鞋在全球暢銷不衰，無數體育名將穿著它，走上通往了體壇頂峰的道路。然而，耐吉公司自身的發展道路並不平坦。

　　耐吉公司的創始人比爾‧鮑爾曼原是美國俄勒岡大學的體育教師，一個事業心極強的田徑運動教練員，他熱愛自己的職業，熱愛體育事業，對運動員的訓練極其嚴格。他喜歡獎盃，更喜愛自己的學生。在長時間的教學中，使他最頭痛的事莫過於運動員因鞋不合適而影響成績並常鬧腳病，他一直渴望能使自己的運動員在運動場上有一雙底輕、支撐好、摩擦力適當的運動鞋。

　　但在二十世紀六〇年代初的美國，還沒有為運動員特製的鞋，也沒有哪個廠家願意生產銷售量非常有限的運動員專用鞋。為了實現自己的心願，比爾‧鮑爾曼依據自己從事體育教學多年的經驗，自己動手精心設計出了田徑運動鞋的圖樣。當他拿著圖樣找了多家製鞋商後，得到的回答幾乎相同：「我們不想教你怎樣當教練，你也別來教我們怎樣製鞋。」

　　比爾‧鮑爾曼碰了釘子後並沒有灰心，他毅然親自當起了鞋匠。他走出學校，走進工廠拜製鞋工人為師，到街頭請教補鞋匠，白天教學，夜幕降臨之後便開始投入對運動鞋的研究。無數個不眠之夜，失敗了又重來，終於在一次運動會上，比爾‧鮑爾曼的學生穿上了由他親自製作的樣子雖難看但卻輕巧舒適的運動鞋，並取得了前所未有的好成績。

　　比爾‧鮑爾曼的精神深深感動了他的學生，他們將自己老師的這種精神寫入了論文。在論文中，學生們除了讚揚比爾‧鮑爾曼的精神之外，更多的論述則是：「這不僅僅是一雙鞋的事，而是一項重要的事業，是一項有利於體育運動發展、有利於人類健康、為所有運動者造福的偉大事業，應當努力推廣和發展。」

　　其實一項事業，並不是被部分人認識到了就能得到順利發展的，人們被金錢的迷霧蒙著眼睛時，事業是不會得到重視的。當比爾‧鮑爾曼和他的支持者，準備大力推廣他們設計的運動鞋時，偌大個美國，竟沒有一家製鞋廠願意簽約合作。

　　天無絕人之路，一個精明的日本製鞋商看到了此事背後的商機，並要成為日本打入美國鞋業市場第一人的目的，同意簽約合作。條件是日本鞋商負責生產，比爾‧鮑爾曼負責樣式的設計，並在美國包銷所有產品。

　　為了實現自己的心願，比爾‧鮑爾曼和他的支持者們答應了這些條件，於是一九六二年，耐吉公司的前身——蘭綏公司誕生了。這是一個為使運動員能穿上合適的鞋而開辦的公司，一個完全為運動員著想的公司。比爾‧鮑爾曼和菲力浦‧耐特及他的幾個學生拼湊了一千美元作為資本，一年後，以二百雙運動鞋為起點開始了營業，耐吉鞋問世了。

　　然而一個資金短缺的小公司，要想在弱肉強食的社會中生存和發展又談何容易，也正是從此時開始，比爾‧鮑爾曼和他的同仁們踏上了艱難的坎坷之路。在這條坎坷的道路上，一個共同的信念將他們堅定地凝聚在一起，這個信念就是「為運動員服務」。在這個信念的支持下，他們不計報酬，不講條件，租不起店面就在住房裡辦公，推銷車、馬路邊就是他們的店面，為及時給用戶送貨，誤了吃飯是常事。上帝是公平的，他永遠給奮鬥者以希望，耐吉鞋終於在美國打開了銷路。正是在這種艱難的奮鬥

中，比爾・鮑爾曼和他的支持者們將為運動員服務的信念，錘煉成了「一切為了運動員」的企業理念。

事情並沒有那麼簡單，當日本廠商察覺到耐吉鞋在美國銷路不錯後，立即提出了必須先付款後發貨的新條件，並撕毀合同，將好貨在日本單方銷售，將次品以次充好發往美國，極大地影響了耐吉鞋的信譽，幾乎使耐吉鞋聲譽掃地。事情還沒有結束，日本廠商又進而提出要收購鮑爾曼公司百分之五十一的股份，並占董事會的多數，否則將立即停止供貨。

比爾・鮑爾曼和他的同仁們看透了日本廠商的用心，公司的企業理念不允許他們答應這樣的條件，於是合作破裂。憑著耐吉鞋的專利和已有的聲譽，比爾・鮑爾曼很快找到了新的合作人，並正式將公司更名為耐吉公司。同時，美國的製鞋商們也看出了運動場上的商機，更激烈的競爭開始了。一九七六年的奧運會上，紅了眼的製鞋商們不惜用大把的美元，爭取準金牌得主們穿自己的運動鞋。耐吉公司由於資金實力有限，他們爭取到的唯一一個準金牌得主在進入賽場的前一分鐘脫下了耐吉鞋。耐吉公司的員工們關上了電視和電燈，全公司在黑暗中渡過了永遠難忘的一個夜晚。

深重的精神打擊，甚至使比爾・鮑爾曼的得力助手菲力浦・耐特臥床八、九天不能起來。在挫折面前，又是企業理念起了關鍵作用。鮑爾曼藉此機會對全公司員工進行了一次深入的「一切為了運動員」的企業理念教育之後，將公司的經營工作交給菲力浦・耐特主持，自己開始專心致力於運動鞋的研究和改進。他幾乎走遍了美國所有的運動場，從不放過任何體育比賽的機會，收集運動員對運動鞋的意見。

無數次試製，無數次改進，無數次試穿，直到運動員滿意為止，耐吉鞋的新產品不斷問世，在運動場上的呼聲也越來越高。

「一切為了運動員」的理念，使大批運動員和體育愛好者聚集在耐吉公司周圍，很多退役的運動員和教練員成了耐克公司的專業推銷商，耐吉成功了。

耐吉公司靠著最初的一千美元和二百雙鞋，在經歷了各種困難和挫折後，終於從一個資金短缺的小公司，發展成為世界級的製鞋大鱷。或許他們最初的第一桶金根本算不上豐厚，甚至說是拮据，但是他們的團隊充滿了幹勁、熱情、希望。而這些都成了第一桶金的發酵劑，在團隊的腳踏實地的努力下，耐吉鞋最終贏得了人們的喜愛。

創業者要時刻記住：信心給你力量，信心給你靈感，信心助你成功，同時要有毅力，堅持到底，跌倒了要再站起來，不屈不撓。如果一遇到挫折就退縮，放棄創業的念頭，那麼就永遠不會受到勝利之神的召喚。只有堅忍不拔，不肯認輸，屢敗屢戰，才能最終捧回勝利果實。正如成功學大師卡內基所說，每次失敗後如果能總結出失敗的教訓，就不算真正的失敗，而是向成功邁進了一大步。

黃鳴：困境中成長的中國「太陽王」

　　黃鳴被國際可再生能源界譽為「太陽王」、世界太陽能熱利用產業界的「福特」、「中國太陽能產業化第一人」。其麾下的皇明，在一個全球非成熟產業中走在世界的前列，跳出中國企業「引進，消化，吸收，落後，再引進，吸收，再落後」的怪循環，通過自主創新，創造出中國太陽能可持續發展模式，成為世界可再生能源企業發展的標杆。

　　一九九九年的一天，在山東聊城，一個癱瘓了三十多年的老人奇蹟般地站了起來，全家人一片歡呼，抱在一起喜極而泣。這個堅強的老人叫黃宏根，他培養了一個很有出息的兒子，是大名鼎鼎的「太陽王」——黃鳴，山東皇明太陽能集團董事長，他創建的皇明太陽能品牌價值達到五十一億人民幣。他也被國際太陽能同行稱為「太陽王」。

　　黃鳴的父親是一九六五年癱瘓的，從那時開始，他一刻也沒有放棄過站起來的念頭。可面對他的肌肉嚴重萎縮，全家人誰也沒想過有一天他真的能夠站起來。三十多年來，父親從來沒有中斷過練習，每天他都扶著椅子撐起來，往前挪一步，接著再把椅子往前挪一步，腿也跟著又往前邁一步。就這樣一步一步，挪了三十多年。其間的心慌哮喘的折磨，生不如死的痛楚，承受不住時想一了百了的絕望，最後都讓他以常人難以想像的堅韌給戰勝了。皇天不負有心人，不懈的堅持終於有了效果，一天下午，坐在沙發上的黃宏根終於站了起來，黃宏根激動得老淚縱橫，他的生命再次變得意義非凡。

　　從三十七歲癱瘓在床，到七十歲還能站立起來，中間經歷了三十三年。三十三年前，父親是一個英姿勃發的中年人，三十三年後，再次站起來的時候，已經是一個古稀之年的垂垂老者。想到這些，黃鳴百感交集，三十三年前的那場暴雨，帶給父親這一生多大的痛苦啊！

　　黃宏根原來在山東聊城農業局工作。一九六五的一天，他騎車去一百里以外的地方出差，沒想到，回來的途中突然天降暴雨，被大雨澆透的黃宏根回到家時雙腳抽筋，人好像死過去一樣，挺直的。黃宏根很快被送往醫院救治，醫生給他打點滴、紮針灸都沒能讓他站起來。經診斷，黃宏根得了末梢神經炎，是由於工作勞累過度和雨淋所致。從此他便臥床不起。黃宏根一開始根本無法接受這種突如其來的變故，痛不欲生一段時間後，他開始學著接受現實。

　　黃鳴的母親張南珍是一位中學老師，黃宏根癱瘓後，家庭的重擔全部落在了母親一個人身上。當時黃鳴只有七、八歲，年少不經事的他還沒有意識到災難的可怕，只是隱約感覺到，當初英俊挺拔的父親變成了一個臥床不起的病人。父親倒下了，黃鳴發現，原來一向慈愛的父親脾氣越來越暴躁，全家人都必須讓著他，包括還不懂事的他在內。

　　黃鳴長到十一歲的時候，就被父親逼著幹活兒：「倒騰雞窩，倒騰柴火垛，倒騰床，倒騰屋裡鋪地面……」總之，黃鳴一刻也不能閒著。為了讓兒子這棵小樹苗迅速成長，黃宏根採用了簡單粗暴的教育方式，繁重的家務讓十一歲的黃鳴感覺越來越難以忍受。他討厭父親這樣對他。他相信如果父親身體健康的話，他們倆一定會打得一場糊塗，但現在，只要一看到母親的臉，他只能接受。黃鳴如果不聽母親的話，母親不會表現出來，可如果他不聽父親的話，母親的臉就會拉長，而黃鳴最受不了的就是看

到母親不高興。癱瘓在床的父親急於想讓年幼的兒子儘快自立，當成自己的手和腿，為這個苦難的家庭撐起一片天。雖然心疼兒子，但也只能狠下心來磨練他，而黃鳴，看著癱瘓在床的父親，只能逆來順受。

時光飛逝，轉眼間黃鳴到了上高中的年齡，一天，他終於忍受不了勞累了。黃鳴那個時候是在工地上打工，暑假三十天的假期，父親一定要黃鳴在工地上做滿二十九天。可是黃鳴做到第二十八天的時候，累得實在受不了：「渾身上下曬得全脫皮了，還要往三層樓上拋磚，手上一道一道的口子，沒有一塊好肉。」他請求父親讓他休息一天。

父親把黃鳴的辛苦看在眼裡，疼在心裡，可就是不同意他休息一天的請求。黃宏根的父母是在三十多歲時才有了他，所以對他特別嬌寵，讓他養成了許多壞習慣。現在他也做父親了，不想讓黃鳴重覆他的老路，所以對黃鳴的要求格外苛刻。

黃鳴當然不明白父親的這片良苦用心，只當做父親太狠心，對父親產生了極大的怨恨。萬般無奈之下，黃鳴只有忍著傷痛將最後一天的工作完成。在父親嚴厲的面孔下，黃鳴迅速成長著。一九七九年，黃鳴以優異的成績考上了華東石油學院機械設計系。黃鳴上大學以後，照顧父親的重擔就全部落在了妹妹黃麗的身上，妹妹一照顧就是三十年。妹妹的細心照料讓黃鳴沒有了後顧之憂，他安心學習。一九八二年黃鳴大學畢業後，就職於德州石油鑽探技術研究所。

經過自己的努力，黃鳴在事業上如魚得水，並於工作十年後的一九九二年，當上了德州新源高科技公司的總經理。這個時候黃鳴終於領會到了父親當初對自己苛刻的真正用意。「實際上兒時對家庭、對家務的那種態度，會延續到長大以後的工作和生活中，曾經的苦難生活，讓我的工作受益匪淺。」黃鳴深有感觸地

說道。看到兒子有出息，父親非常欣慰。雖然自己癱瘓在床，經常經受疾病的折磨，但是臉上卻常常充滿笑容。黃鳴回家也經常告訴父親自己工作上的事情，讓父親分享外面的世界、兒子的世界。可是有一段時間父親卻發現，兒子來看自己的時間少了，而且很少向他提及工作，好像在隱瞞著什麼。

一九九五年對黃鳴來說是很重要的一年。這一年五月的一天，他準備辭去優厚待遇的工作，下海創業。從小就被父親指揮著做事情的黃鳴，帶著逆反心理，這一回想自己做主，走出一片完全自由的天地，闖蕩一番。

黃鳴下海創業瞄上的是一種新的能源——太陽能，而他創業的方向就是太陽能熱水器。但是對於創業這件事，黃鳴想盡一切辦法隱瞞父親。他對父母親、兄弟姐妹、同學，全部封鎖了消息，就怕萬一誰說漏了嘴給他捅出個大簍子。

黃鳴之所以選擇太陽能，是因為在石油系統工作多年，深知石油資源的危機，太陽能資源是可再生資源。太陽能行業是一個很環保的行業、很節能的行業，而且是一個全新的行業，從事這麼一個好的行業，黃鳴為什麼要瞞著父親？

黃鳴隱瞞父親下海創業是有原因的。一九九五年的時候，下海的聲名不太好。下海之前，黃鳴也試探著向父親提及下海創業的事情，但是遭到父親的竭力反對：「研究所是個金飯碗，把金飯碗扔了下海做個體戶，我接受不了。」父親直言不諱。黃鳴隱瞞父親還有一個原因，太陽能行業是一個全新的行業，市場前途未知，他不想讓疾病纏身的父親對自己的事業牽腸掛肚。

在向家人嚴密封鎖消息的同時，對太陽能事業一片癡情的黃鳴開始了創業。但是創業伊始，黃鳴還是遇到了許多無法想像的困難。

企業最艱難的時候，稍微經受一點風吹草動，就可能倒下。

而此時，父親的病情也越來越嚴重，黃鳴每次回家，醫院裡的醫生都說他差一點就見不到父親的面了，醫院已叫家人準備後事。

儘管多次生命垂危，可是父親卻一次又一次奇蹟般地挺了過來。「我覺得父親純粹是對生命的一種渴望。他哮喘住院的時候，躺不能躺、臥不能臥，日復一日、月復一月，堅持了很多年。這種痛苦常人是難以忍受的，可是他還這麼堅強地活著，我有什麼理由倒下呢。」受父親這種堅韌的生命力的影響，黃鳴感受到自己身上充滿了無窮的力量，雖然事業艱難，但是他都能堅韌、樂觀地面對。榜樣的力量是無窮的。黃鳴從父親身上汲取了力量，企業逐步走上正軌，可是為了不讓父親擔心，他還是沒有向家人提及自己下海創業的消息。黃鳴隱瞞了整整三年。

一九九八年的冬天，黃鳴終於決定要把自己創業的事情告訴父親。一九九八年，皇明太陽能已經打出了自己的一片天地，同時有關皇明太陽能的媒體報導也鋪天蓋地而來。黃鳴擔心父親天天看報紙，沒準兒哪天就得知他下海創業的事情。所以他決定親口告訴父親，他要讓自己由被動變為主動。

忐忑不安的黃鳴在一天下午，把隱瞞三年的事情告訴了父親。他做好了迎接「暴風驟雨」的準備，可是父親的反應讓黃鳴大感意外，脾氣暴躁的父親這一次並沒有暴跳如雷。

原來，雖然病重癱瘓，但父親一直關心時事政治，經常和鄰居們談論天下時政大事。就在黃鳴隱瞞父親下海創業的三年裡，父親每天都在看報紙，幾年來對下海有了更深的認識。父親的思想慢慢開通了，看到了很多有能力的人下海的真實報導。

聽說兒子也下海了，父親坐不住了。多少年來，父親很少出門，他對兒子的公司充滿了好奇，他要求兒子帶著自己到公司去看看。到達黃鳴的公司後，由於參觀要上下樓梯，當司機提出要揹黃鳴的父親時，被黃鳴拒絕了，他要親自揹著父親到處轉轉。

黃鳴說，那是一種很微妙的感覺，以前他覺得父親就是一座大山，靠在他懷裡溫暖踏實，現在他長大成人了，開始成為父親的精神支柱。

黃鳴揹著父親整整轉了一天，工廠、倉庫、店面看了一個遍。公司上下的職員都被黃鳴的孝心感動了。父親看著廠區，臉上洋溢出蜜糖般的笑：「兒比爹強，我怎麼能不高興呢，公司雖然不大，但總歸他是成功了。」作為父親，黃宏根每天最喜歡念叨的只有一句話：「我兒子能啊，比爸爸能啊。」

黃鳴事業成功了，而當年英姿勃發的父母已經滿頭白髮。因為父母都是在水草豐美的江蘇長大，黃鳴特意在聊城給父母買了一套靠近湖水的樓房，讓他們頤養天年。

父親到現在什麼都不想了，有一個這麼出息的兒子，他想即使現在放棄生命也值。可是黃鳴卻一再阻止父親有這種想法：「您是我們這個家的支柱，是我們整個家的標誌，您不在我們家就散了一半。只要一家人在一起就是最大的福分，一個也不能少。只有這樣，我們的奮鬥和堅持才有意義。」

黃鳴這番話令人動容。他對父親、家庭的愛大於一切：「我相信所有的兒女都一樣，明知道人活一百歲、一百二十歲是個奇蹟，不太現實，但是又都希望奇蹟發生。有的時候因為愛，因為精神和堅持，因為一個家庭的凝聚，很多奇蹟還真創造出來了，所以我寧肯相信這種奇蹟會發生，十年、二十年，甚至更長的時間。」

如今，黃鳴由於在太陽能行業取得的成就，被世界太陽能行業譽為「太陽王」，太陽給了他太陽能事業無盡的能量，但事實上，在他的人生中還有一個太陽，那就是他癱瘓的父親。

家庭的困苦從小磨礪了黃鳴的意志，在他心裡一直渴望著改變。只要心中有強烈的願望和意識，然後經過學習、改善、歷練

等諸多有意識的強化訓練，就有可能獲得所需的各項能力，實現創業成功。要把意識轉變為能力，要經過創業者多年堅持不懈地、有目的地來提升、改造自己。

　　創業是艱苦的，創業者承受的心理壓力是外人難以想像的。創業的不同時期，經常要面對發展機遇、陷阱誘惑、市場競爭、經營風險、興衰存亡等重要關口，這些都是考驗創業者心理素質的關鍵時刻。歷史和現實當中，在此時情緒失控、喪失理智、迷失方向、鑄成大錯的比比皆是，甚至因為無法承受壓力和責任，而踏上不歸之路的也大有人在。創業者要成功闖關，必須要擁有和保持或慷慨激昂，或熱情奔放，或沉著冷靜，或堅忍不拔，或果敢無畏的心理狀態。

Chapter **07**

打造企業優勢，
增強競爭能力

第一桶金的秘密

戴爾：獨有的 PC 大規模定訂製化

　　在現在市場經濟的大規模生產模式中，標準化的產品、統一的市場、足夠長的產品生命週期，為企業提供了安全的保障，企業的競爭要素是規模、成本和品質。然而，眼下客戶的需求變了，客戶需要更加個性化的產品和服務，而且交貨期也日益縮短，競爭加劇。

　　企業要嘛保持大規模生產的模式，眼看著客戶的流失；要嘛轉型為訂製式生產，以滿足客戶個性化的要求。於是企業不得不忍受高成本、低效率和客戶服務品質的降低，但最終還是無法避免客戶的流失。傳統的競爭優勢失去了作用，需求的波動和市場的動盪，打亂了大規模生產的陣腳。如何能夠在保持大規模生產的同時，滿足客戶的個性需求，來減少客戶的流失呢？戴爾的成功，就是因為恰恰做到了這一點。

　　一九六五年，邁克爾‧戴爾出生在美國休士頓，父親是一位牙醫，母親是一個經紀人，父母希望小邁克爾以後能成為一名醫生，在美國，這是最正確不過的選擇，也是一條光明大道。但現實並沒有朝著父母想要的方向發展。中學三年級時，戴爾開始迷上了電腦，他喜歡把他那台 Appie II 拆散，又重新裝上。

　　十六歲上中學時，戴爾找到一份差事——替休士頓《郵報》拉訂戶，他設想新婚夫婦是這種報紙的最佳訂戶，於是雇同學抄錄下新領結婚證者的姓名和地址。他將這些資料輸入電腦，並向新婚夫婦們寄去一封頗具特色的信，以及免費給每對夫婦贈閱兩週的《郵報》，其結果他大獲成功，賺了一萬八千美元，並買了

－198－

一輛寶馬汽車。

　　一九八三年，為了不辜負父母對他的一片期望，戴爾進入了德克薩斯大學，成為一名醫學預科生。但事實上他只對電腦行業感興趣，很想大幹一場。他從當地的電腦零售商那裡，以低價買來了一些積壓過時的 IBM 的 PC 電腦，開始做起了二手商。下課後，他宿舍門口總是排滿了來買他組裝的電腦的人。由於他豐富的電腦知識和敬業精神，他組裝的電腦品質好，但更重要的原因是價格便宜。

　　同樣一台電腦，IBM 當時賣二千美元，他只賣七百美元。因為 IBM 電腦最後售價中的三分之二讓中間商、代理商給賺走了。後來戴爾回憶說：「由於批發商的高價與使用者得到的服務有差距，這給我做直銷創造了機會。」不到一年的時間內，戴爾在組裝、升級電腦方面已是名聲遠揚，並屢屢獲得合約。從這件事上，這個雖然年輕但已經有好幾年市場經驗的人看到了商機，針對傳統銷售組織的不足之處，戴爾開始了自己的事業：把電腦直接銷售到使用者手上，去除零售商的利潤剝削，把這些省下來的錢回饋給消費者，從而改進電腦的銷售過程。這個想法看起來很簡單，但是從來沒有一個人嘗試過，而年輕的戴爾發現了，他要開始這個偉大的冒險嘗試。

　　一九八四年一月二日，戴爾憑著一千美元的創業資本，註冊了「戴爾電腦公司」，經營起個人電腦生意。「戴爾電腦」成為第一家根據顧客個人需求組裝電腦的公司，而且不經過批量銷售電腦的經銷商控制系統，直接接觸最終使用者。他的事業越做越忙，大學第一學年一結束，戴爾就打算退學創業，此舉遭到了父母的堅決反對，為了打破僵局，戴爾提出了一個折衷的方案，如果那個夏天的銷售額不令人滿意的話，他就繼續讀他的醫學。他的父母接受了他的這個建議，因為他們認為他根本就無法取得這

場爭鬥的勝利。但他們錯了，戴爾的表現使得他沒有留任何機會給他的父母，因為僅在第一個月，他就賣出了價值十八萬美元的改裝 PC 電腦。從此，他再也沒有回到過學校。

戴爾決定正式成立 Dell 電腦公司。一九八七年十月，戴爾依靠他過人的膽量和敏銳的感覺，在股市暴跌的情況下大量吃進高盛的股票，第二年他便獲利了一千八百萬美元。這一年，他只有二十三歲，他開始向成功邁出了堅實的第一步。

美國戴爾公司一九九○年股票正式上市，不到十年，其股票增值三萬倍，而戴爾本人也成為全球《財富》五百強中最年輕的總裁。是什麼讓戴爾公司股票如此暴漲？在強手如林的電腦市場競爭，戴爾沒有 IBM、康柏等公司歷史悠久、財大氣粗，但卻能躋身其中並表現甚佳，這與它獨特的訂製化生產方式密切相關。戴爾的訂製化並非停留在口頭上，誰都想訂製化，但成本高卻讓諸多企業望而卻步，是 IT 和網路技術讓戴爾有能力做到訂製化。

戴爾的經營創新在於他把新型零售方式融入高科技產品電腦中，將產品「大規模訂製化」。雖然相對於山姆·沃爾瑪的沃爾瑪貨倉式零售革命，體現了創始者的「細微之處有洞天」的思想來說，把微機直接賣給顧客並非改天換地的創意，但戴爾的獨特在於他對電腦市場這一理念的理解。

戴爾公司每年生產數百萬台個人電腦，每台都是根據客戶的具體要求組裝的。以戴爾為其大客戶福特汽車提供服務為例，戴爾公司為福特不同部門的員工，設計了各種不同的配置。當通過福特公司內聯網接到訂貨時，戴爾公司馬上就知道訂貨的是哪個工種的員工，他需要哪種電腦，戴爾公司便為其組裝合適的配件，其中包括福特汽車公司儲存在戴爾公司的專有密碼。戴爾公司的後勤服務軟體非常全面和先進，因此它能夠以較低的成本開

展大規模的訂製服務。

　　二十多年以來，戴爾公司革命性地改變了整個行業，使全球的客戶包括商業、組織機構和個人消費者都能接觸到電腦產品。由於被業界接受的戴爾直接模式，資訊技術變得更加強大，易於使用，價格更能接受，從而為客戶提供充分利用這些強大的、全新工具的機會，以改善他們的工作和生活。

　　適者生存、優勝劣汰的自然規律，要求企業不得不選擇大規模訂製這一管理模式。大規模訂製是一個令人困惑又令人激動的概念，因為它是由以前認為不可調和的兩個概念組成的，即大規模生產和個性化訂製服務。

　　長久以來，人們在下述兩個戰略之間進行艱難的權衡和選擇：要嘛提供大規模生產的標準化、低成本的產品或服務，要嘛提供客戶化的或高度差異化的小規模生產的產品或服務，當然成本相對也較高。換言之，人們必須在高效率的大規模生產和特殊的創新性產品之間選擇其一。

　　在資訊技術、製造技術的幫助之下，戴爾同時實現「大規模生產和個性化訂製」兩個目標，用低成本大規模生產的產品，來滿足客戶個性化的需求，其規模訂製能夠妥善處理並快速高效地生產出多樣化的產品，在擴充產品線、擴大市場空間的同時增加盈利空間。大規模訂製成為剩餘經濟和過度競爭條件下，企業擴大市場、贏得消費者的一個重要創新。

淘金點評

　　戴爾獨有的 PC 大規模訂製，使戴爾在市場上立於不敗之地。不求最大，但求最好。有規模並不等於有效益。企業要有自己的拳頭產品，有自己的優勢產業，這才是企業真正的核心競爭能力，這樣的企業才能做到最好。一個企業的大小應該取決於企業核心內競爭能力的大小。沒有核心競爭力的企業，一味追求企業規模的擴張，其結果只能是無功而返，甚至陷於困境。

海耶克：唯一不變的是我們一直在變

　　差異化行銷是二十世紀九〇年代以來行銷領域方興未艾的新名詞，引起了專家、學者和企業的極大關注。該理論強調對高獲利的消費者進行適當的品牌忠誠度活動，構建品牌資產，以創造持續的競爭優勢。SWATCH 就是利用產品的差異化行銷建立起了其獨特的產業優勢，而且這種優勢是同行難以模仿的，這種獨特性決定了 SWATCH 將長時間佔據行業領先地位。

　　海耶克於一九二八年出生於黎巴嫩。他的母親是黎巴嫩人，父親是一名美國牙醫。他從法國一所大學畢業後搬到了瑞士蘇黎世。在那裡，海耶克典當了自己的傢俱，並從銀行貸款四千瑞士法郎，成立了海耶克工程顧問公司。這是他人生第一筆也是唯一一筆貸款，從那之後他沒有向任何其他人借過錢。

　　二十世紀七〇年代末，作為瑞士國家經濟支柱之一的瑞士錶業，受到了來自各方面的衝擊。日本品牌「CITIZEN」「精工」及美國品牌「天美時」等的出現，使得瑞士出品的手錶產量在全球市場中的比例從百分之四十三急劇降至百分之十五。作為顧問受雇於瑞士銀行的海耶克建議，將瑞士當時在全世界排名第三同時是瑞士最大的手錶生產公司 SSIH，和全世界最大的手錶零件製造商 ASUAG 合併起來。該合併於一九八三年得以實現。海耶克於一九八五年買下了重組後公司的主要股份，並自己出任首席執行官，又隨後將公司改名為 SMH。公司在一九九八年正式將名稱確定為 SWATCH 集團。

　　重組後的公司在海耶克的帶領下，於一九八三年戰略性地推

出了 SWATCH 腕錶，從此開啟了瑞士錶業的復興神話。SWATCH 腕錶以其重量輕、價格低、超薄、顏色亮麗、款式多變新穎和具有收藏價值等特點，橫掃全球市場，尤其在廣大年輕人中深受歡迎。在短短的十八年間，SWATCH 已銷售出數億隻腕錶，並且帶動了 SWATCH 集團其他高端品牌的銷售業績。據《華爾街日報》報導，SWATCH 集團一年的銷售額曾為四十九億美元。

相對於傳統手錶需要九十多個零件，SWATCH 腕錶通過全自動組裝生產線，將手錶零件減少到五十一個，在大大減輕了手錶重量的同時，將手錶生產成本減少了百分之八十。SWATCH 首次在美國市場出售的零售價還不到三十五美元。除此之外，它還採用全新的製錶工藝，將錶殼底部作為安裝機芯的底板，締造了新的超薄表紀錄。

除了技術上的突破，SWATCH 腕錶本身正在成為一種時尚潮流。

由此開始，瑞士手錶品牌 SWATCH 自二十世紀八○年代誕生以來，以差異化的設計與行銷手法行銷全球，不斷地給人們帶來驚喜……

在以前，多數人是買一塊錶用一輩子。衣服穿壞了一件又一件，可手錶總是那一塊，彷彿只有兒童才帶樣式新穎的手錶。在海耶克的領導下，SWATCH 改變了這一點。

二十世紀八○年代初，那時正是瑞士鐘錶業的低谷期。瑞士廠商所能掌握的市場，忽然間只剩下像勞力士、歐米茄、天梭、浪琴、伯爵等高價位的珠寶表與時尚表，在全球手錶市場的佔有率從百分之四十連年跌到只剩百分之九，在不到十年的時間裡，丟失了四分之三的江山。那時的管理人員大多數還不懂得如何經營品牌，尤其是塑造國際知名品牌。

為了挽救病入膏肓的鐘錶業，瑞士各大鐘錶公司籌組聯盟，

經過一番改革後，原「瑞士微電子暨鐘錶產業法人社團」更名為SWATCH 集團。首創「第二隻錶」的理念，在設計上，SWATCH 極其講究創意，新奇、怪異、有趣、時尚、前衛是它的風格，不斷的改變是它唯一的不變之處，故而享有「潮流先鋒」的美譽。

　　區別於其他手錶，SWATCH 定位為時裝錶，以充滿青春活力的年輕人為目標市場。它以「你的第二隻手錶」為廣告語，強調它可以作為配飾不斷換新而在潮流變遷中永不衰落。自一九八四年起，SWATCH 更為每一款手錶設計了別出心裁的名字，個性化的色彩更濃，市場反應更加熱烈，甚至每年還會有一兩款成為收藏家追逐的目標。

　　就這樣，從一九八三年到一九九二年，SWATCH 賣掉了一億隻手錶。但是到一九九六年，也就是僅僅四年後，它賣掉了兩億隻手錶！

　　作為一名工程和工業諮詢專家，海耶克研究了很多公司和每個行業的企業設計。二十世紀八〇年代初，他被瑞士製錶業所吸引。海耶克的優勢在於他對消費者的瞭解，比他們對自身的瞭解還要多，瑞士製錶業幾十年的經驗並沒有對他形成束縛，他的想像力也沒有因為該行業幾十年的成功而改變，他以全新的目光看待問題。

　　按照瑞士製表業的觀點，工藝就是一切，工藝就是目的。海耶克卻認為，在現代競爭社會裡，這種觀點的侷限性很大。海耶克的出發點始於消費者需求，他給手錶注入情感，使它不僅成為一種高品質的產品，而且是一種招人喜歡的裝飾品，像耳環或領帶一樣。

　　SWATCH 在促銷方面的絕招很多，它不斷推出新款，每款推出後五個月就停止生產；在里斯本博物館設有 SWATCH 陳列專櫃，有拍賣行對不再銷售的 SWATCH 手錶進行拍賣，SWATCH

專賣店在人多的時候甚至要叫號入內！這種促銷手法使得原本只是時尚品的 SWATCH 手錶也成為經典，為顧客期待，為收藏者矚目。

在宣傳推廣上，SWATCH 承襲了其運動、活力的風格，偏愛新奇的、不平常的活動，並每每伴有強烈的主題，甚至帶點反傳統、叛逆的色彩，讓 SWATCH 的品牌個性充分張揚。

「我一直認為一個真正的商人是一個藝術家。他應該極富創造力，並永遠保持一個六歲孩子的想像力。」這是創始人海耶克對創業者最真誠的忠告，也是一個黃金定律。

「永遠的創新，永遠與別人不同」，SWATCH 差異化的行銷，給這個品牌創造了無窮的魅力，為世界手錶市場增添了一道變幻多姿、時尚亮麗的風景。

SWATCH 最成功的地方就是製造了許多知名品牌，並在不斷開發新產品，這需要他們在繼承傳統的瑞士鐘錶製造技術的基礎上不斷創新，SWATCH 的口號是：唯一不變的是我們一直在變。

淘金點評

創意創造優勢。當你有了一個好的創意的時候，一定要相當清醒地告訴自己：提出創意是次要的，充其量只是萬里長征第一步，實現和執行才是核心。創新並不複雜，首先找到客戶尚未被滿足的隱需求，而且確認客戶為該需求所願意支付的價格足以讓你營利，然後就是通過年復一年、日復一日的辛苦勞作去實現它。像天才一樣去創意，像農民一樣去耕耘，這就是創新的全部！SWATCH 的產業優勢，就是通過不斷改變自己建立起來的，不改變就要被淘汰。

俞敏洪：新東方獨特的「勵志」教育

　　「新東方」不僅行銷課程，更主要的是在行銷一種人生精神。這是新東方能走到今天，依然穩居大陸英語培訓老大地位的根本原因。在新東方，教育也是可以創新的。新東方打破了原本傳統的教學模式，使死板的課堂變得活潑生動。這就是新東方獨創的「幽默＋勵志」教學模式。

　　在北大當教師期間，俞敏洪為了養家糊口、籌集出國費用，兼職為其他培訓機構打工。

　　當時，很多培訓機構辦學急功近利，為了追求經濟利益，「一頭紮進了錢眼裡」，這讓俞敏洪覺得有點不對頭。憑著多年與學生打交道的經驗，俞敏洪還發現了許多培訓學校對學員的態度、管理理念上都有缺陷──只注重如何教好課程，而忽略了這樣一個事實，即能夠花錢參加 TOFEL、GRE 考試培訓的學員，都是在校學生中的佼佼者，教師僅僅教好課程根本無法滿足這些學員的要求。

　　他們不僅僅是為了出國而考試，也不僅僅是為了能夠學好英語，他們渴望更加成功，渴望更加幸福，渴望通過自己的努力，能踏上人生的新臺階。

　　「我也是從學生走過來的，而且為了考試還參加過輔導班。我就想，如果我來管的話，應該通過什麼樣的方式幫助學生、吸引學生。」這句話道出了他埋藏多年的心聲。

　　他作為一個曾經因聯考落榜而接受過補習的學生，十分瞭解學生渴望幫助的迫切心理。在北大任職期間作為一個外語老師，

他有機會接觸到外語培訓領域，並牢牢掌握著外語培訓領域的新動向。所以從新東方一開始的時候，俞敏洪就知道「應該是怎麼樣先教學生而不是先賺錢」。

教學生知識、教學生成功的道理，一切為了學生著想，而不是為了賺錢。這奠定了新東方創業之初的經營理念。

行銷家菲力浦‧科特勒提出，在新經濟下，行銷的成功勢必要從顧客的角度出發，企業需要以顧客觀念制訂相應的行銷戰略。準確地把握學生的心態和需求，並全心全意為滿足這種需求而服務，這使得新東方在當時多如牛毛的培訓機構中脫穎而出，成了最後的贏家。

在整個辦學過程中，他沒有把主要精力放在打敗競爭對手上，而是將主要精力放在了全力為學生創造精神飛躍、實現學生自身價值上。新東方無為而為，開拓了一個「無人競爭」的市場空間，然而卻擊敗了很多競爭對手，把他們遠遠地甩在了後面。這種經營思路與當下正在流行的「藍海戰略」不謀而合。

當然，俞敏洪當初並沒有想太多，也沒有意識到自己的做法在商業上的意義，他只是想多招攬幾個學生，好好給學生講課。俞敏洪認為：「這僅僅是一個教師的問題，一個怎麼吸引學生、讓學生滿意的問題。」

所以俞敏洪和新東方的成功不是偶然的。有行銷專家分析認為：「新東方不僅行銷課程，更主要的是在行銷一種人生精神。」這才是俞敏洪成功的決定性因素。

無論是向學生傳授知識還是灌輸人生精神，新東方人都離不開幽默這一精神興奮劑。俞敏洪讓老師們這樣做的目的，在於活躍課堂氣氛，讓學生在輕鬆愉悅中獲得知識和教益。

新東方的很多老師都是從外國留學歸來的，他們把歐美寬鬆自由的課堂教學方式帶了回來，這讓一直生活在填鴨式的傳統教

育模式中的學生，得到了一種前所未有的放鬆。

新東方老師們的段子裡，永遠有一個不變的主題，那就是校長俞敏洪。俞敏洪自己說：「幽默感是新東方宣導的，真正達到幽默感的老師，在新東方並不多。因為幽默感背後體現的是智慧，一般來說不太能達到真正自然的幽默感。新東方的老師跟我之間隔閡不多，喜歡拿我調侃。」

俞敏洪幽默的風格和開放的胸懷，影響了新東方的很多老師，使新東方的課堂極具特色，流傳了很多小故事、小幽默。

有些人可能不理解，認為這哪裡是在講課？讓學生花那麼多的錢來聽故事、聽笑話，這簡直是在騙學生，簡直是在浪費學生的時間。然而事實為證，學生就是願意來新東方聽課，就是願意聽新東方的老師講故事、講笑話，這不僅沒有耽誤他們的學業，而且讓他們中越來越多的人圓了出國夢。

從另一個方面，新東方的這種教學模式和課堂氛圍，在學生之間形成了良好的口碑宣傳。眾所周知，新東方平常很少做宣傳廣告，然而學生之間的口耳相傳，讓新東方吸引了越來越多的生源。根據新東方內部的調查，新東方百分之八十的學生是因為聽了別人的介紹而選擇新東方的。許多學生選擇新東方除了教學水準之外，最吸引他們的就是新東方的講課方式，是新東方濃重的校園文化氛圍。

幽默是一種授課方式，是一種形式，這種形式承載的是一種精神，是新東方向學生灌輸的「人生精神」，而這種精神本質上是一種「勵志」，是一種「成功學」。

俞敏洪也曾經說過：「新東方是有一點成功學的，但我們不是把成功學僅僅體現在表面上，而是發展出一套成功學背後的綜合的價值觀出來。價值觀就是在信仰、在對國家、對民族的看法上，大家上下保持一致並且真心相信的東西。」

　　每一個在新東方課堂上學習過的學生，大概都有一種血脈賁張的感覺，有的學生甚至形容說：「有嘗試跑一萬公尺的衝動，或者直接打電話給火葬場，送去火化得了。」可見，新東方教師的語言煽動性有多強。

　　新東方的影響是一種心理上的影響，是一種將學生學習的熱情，將希望學習的衝動，以及將他自己原來封閉性的自卑心態、狂妄心態打掉以後，重新確立自己學習態度的一種演講。就像是說，新東方一直鼓勵學生在一段時間之內為了一個目標去拼命。

　　「我給學生最重要的東西就是奮發向上的那種感覺，是讓學生上完課特別開心，這並不是講庸俗的笑話，而是出去的時候感覺自己增加了一份力量，對自己增加了一份自信，這種東西在新東方是非常明顯的。」

　　「我覺得很多東西全國知名大學給不了。比如說全國的大學中大部份的老師，不會跟學生去談他們一輩子的人生規劃，不會去談一個目標怎麼樣去實施，不會去給學生講很多勵志的故事，而且這些故事都是親身經歷的。」俞敏洪如是說。

　　新東方的「勵志」，實質就是號稱新東方核心競爭力的「新東方精神」。它是由校訓、警句、例子和俞敏洪等新東方老師，以及一些名人個人奮鬥故事等構成的，例如俞敏洪兩次聯考落榜的故事；三次出國不成的故事；被北大「踹出」門外的故事；大冬天在電線桿子上刷糨糊、貼廣告的故事；徐小平出國苦悶、受挫折，寫《留學生涯》的故事；王強在美國打工，給癱瘓的老人換尿布的故事……

　　新東方之所以成功，並沒有什麼特別的秘訣，只不過是因為新東方從學生到老師，從管理到教學，在一切細節上都盡最大努力滿足學生的實際需求，給學生以快樂，給學生以激情。

　　知識的傳授和精神的傳遞，離不開高素質的教師隊伍，俞敏

洪的教育理念，自然也體現在教師的選拔制度上。

新東方選拔教師有四個標準：教學內容、激情、勵志和幽默。這四個標準完美地迎合了學生的心理，讓他們在課堂上既收穫了豐富的知識，又獲得了生命的力量。

俞敏洪對老師的要求精準而獨到：

「教學內容就是要求老師上課時內容豐富，基礎紮實，講課熟練，切合主題，充滿激情。激情是貫穿整個授課過程的一種感染力，一種讓學生感到老師在拼命的精神。激情是通過老師的行動、語言、語調和發自內心地對教學的熱愛體現出來的。」

「勵志就是用那些讓人聽了熱血沸騰的語言、故事和格言，使學生從痛苦、失敗和沮喪中振作起來，使他們感到生命開始充滿力量，產生想衝向和擁抱整個世界的感覺。」

「幽默是在授課的過程中讓學生感到老師的語言生動活潑，使學生在輕鬆愉快之餘高效地接受各種知識。」

「這四大要素要有機地結合在一起：教學內容必須貫穿整個課堂，這是學生之所以來到新東方的最重要的原因；激情必須體現在講課的每一句話語裡，這是學生認同老師的最重要的因素；勵志必須一兩句話就能夠打動人心，囉唆肯定讓學生心煩；幽默必須潤物細無聲地體現，否則就成了平庸的笑話和無聊的打趣。」

「如果一個老師能夠把這四大要素完美地結合在一起，那他就能夠成為新東方的品牌老師，成為新東方的驕傲。」

我們從那些各種各樣的故事和名言警句中，從那句有些煽情的校訓中，都能找到新東方的精神所在，這種精神的核心歸結為兩個字就是「勵志」。正是新東方的這種勵志思想，讓新東方充滿了無與倫比的吸引力，從而使它遙遙領先於其他競爭對手之上。

　　俞敏洪說：「新東方沒有什麼神奇之處，我們只是要求老師更加理解學生，知道學生想聽什麼，並且以恰當的方式把知識傳授給學生。其實所有的能量都在學生身上，只有學生自己想學，才能夠真正學好，所以我們強調老師要調動學生的學習積極性。一般傳統教學講究一板一眼，新東方喜歡活蹦亂跳；傳統教學以老師為中心，新東方以學生為中心。」

　　任何一個企業的成功都有獨特的「配方」，新東方成功的秘訣在於他們不僅為成千上萬的學生掌握考試的技巧進行精心輔導，更重要的是新東方向學生注入了一支「勵志強心劑」，鼓舞著無數深陷困境的學生奮勇前行。新東方對教育的終極目標有自己準確的解讀，就是「學習生活」。更準確地說，是要學習如何幸福地生活。新東方到處都滲透著一種對學生奮鬥命運的關懷和指導，將勵志精神滲透到學生的靈魂深處，使他們獲得為前途拼搏的信心、意志和精神力量。

吳海軍：「價格屠夫」的筆記型電腦爭奪戰

　　所有的商家都必須面臨同一個問題：要賺錢就必須吸引大量的顧客，而最吸引顧客的就是讓人心動的價格。「價格戰」已經成為一種重要的競爭手段，它雖然不是最好的手段，但往往是最有效的。

　　同一類商品中，價格低就意味著佔領了絕對的市場優勢。但低價格往往意味著更低的利潤。如何既能保持價格低廉的優勢，又能盡量賺取更高的利益呢？看「價格屠夫」吳海軍演繹經典「價格戰」。

　　一九九五年春節，對於大多數人來說可能非常平常，而對於當年的吳海軍來說，卻意義非凡。在那個春節裡，吳海軍親自導演的那一場漂亮的行銷戰，與其說是他初出茅廬的牛刀小試，不如說是他創業之前的一次實戰演習。

　　一年前，吳海軍從東南大學動力工程系碩士研究生畢業。剛剛幾個月前，他才投身商海，進入福建中銀打工。

　　春節馬上就要來臨了，吳海軍卻決定囤積硬碟。誰都知道，在淡季囤貨是一件十分危險的事情，一般商家絕不敢如此行事。但眼光獨到的他堅持認為，一九九四年以前，電腦採購以公司為主，而隨著個人收入的增加，生活水準的提高，個人購買電腦將會大幅度增加，因而將產生巨大的市場需求。

　　於是吳海軍不僅買斷了香港市場的所有硬碟，還將大陸的硬碟囤積在各地的倉庫裡，同時在各地大造「國外工廠因故缺貨」的聲勢。

果然不出所料，一九九五年春節電腦銷售異常火爆，一塊一千多元的硬碟猛漲了三百元。此戰，吳海軍為福建中銀贏得了上千萬元的利潤。

一九九五年春節剛過，吳海軍毅然辭去福建中銀銷售總監的職務，用拼湊來的二十萬元，在深圳創立了新天下集團的前身——新天下實業有限公司。四年後，吳海軍開始實施中游研發戰略。通過自主研發，「新天下」率先在大陸形成了中游研發的綜合能力，做到所有電腦板卡與國際同步的自主研發與生產。

按照吳海軍的四重利潤理論，銷售利潤和品牌利潤是邊緣利潤，研發利潤和生產利潤是核心利潤。掌握了核心利潤就意味著國內消費者可以更自由地享受到科技帶來的實惠。靠著專業的電腦板卡製造和銷售，吳海軍迅速完成了自己的原始積累。

從二○○一年下半年開始，新天下旗下的神舟電腦正式進入電腦整機市場，二○○五年銷售收入達到五十八億元。二○○五年初，新天下推出著名的四九九九元神舟筆記型電腦，被業界稱為「價格屠夫」。

直到今天，提起當年「四九九九元神舟筆記型電腦」的出爐，吳海軍仍記憶猶新。

二○○四年第四季度的時候，英特爾賣給神舟兩萬個賽揚M310的CPU。在這個季度裡，神舟一共賣出去一千個。二○○五年第一季度，英特爾表示還有三萬個同樣類型的CPU，問神舟要不要。吳海軍當即拍板，「要！」因為他看上了英特爾給的價格——只有四十八美元，比市場價格便宜了將近一半。

「這有什麼擔心的，都是好產品，何愁賣不出去？」吳海軍想。就這樣，五萬個四十八美元的CPU進入了神舟的倉庫。這時候吳海軍靈機一動，冒出來一個想法。他立即就去找準系統廠商談，原來市場價格一個準系統要二五○～二六○美元，他一下

子就砍到了二一〇美元，因為他一單下去就是五萬個準系統。

這時的吳海軍，心中的藍圖已經漸漸清晰起來。他接著去找液晶螢幕廠商，那時候歐美已經不再採購十四英寸的螢幕了，比如當時戴爾因為歐美的聖誕銷售旺季過去了，一下子就取消了幾萬個。

吳海軍暗中叫好，因為在當時的大陸，十四英寸液晶螢幕筆記型電腦正是主流。於是他就去找他們談價格，那時候的液晶螢幕價格都在一四〇～一五〇美元之間。而吳海軍最終卻拿到了八十五美元的價格，因為他一下子就下了五萬件的訂單。

搞定了液晶螢幕，剩下的就是硬碟了。吳海軍找到日立，開門見山地提出了自己要五萬個，必須立即供應三十G的硬碟。最低什麼價格？

日立很納悶：現在的主流不是四十G嗎？吳海軍說：一般學生三十G的硬碟足夠用了。於是日立又給神舟讓了十美元。

就這樣，CPU便宜了將近四十美元，準系統便宜了將近五十美元，液晶螢幕便宜了將近六十美元，再加上硬碟，這樣神舟就一下子比競爭對手低了一百六十美元的成本。由於價格低廉，這批產品一上市，就受到了廣大消費者的青睞。而神舟的五萬個筆記型電腦，每個賺八百塊錢，五萬個一下子就是四千萬元的純利潤。

通過此役，神舟可謂一箭三鵰：讓消費者獲得了實惠，提高了消費者對神舟品牌的認知度，與此同時，自己也獲得了可觀的利潤。

憑藉極強的價格優勢，神舟電腦銷量在國內外市場一路攀升。到二〇〇六年，神舟電腦已成為大陸電腦產業的領導廠商之一，市場佔有率僅次於IBM和聯想。

在不到十年的時間，神舟電腦從一個普普通通的小品牌，做

到市場佔有率僅次於 IBM 和聯想的大品牌，吳海軍靠的是什麼？

談及成功的原因，吳海軍說了兩條：

「第一，我目標執著，不東張西望，一生做好一個行業。『多元化』是個美麗的錯誤，有些領域，你看別人賺錢，你去做就不一定能賺錢。企業不能只為賺錢而活著，但要活著一定要能賺到錢。」

「第二，我們的電腦不是幾大塊拼起來的，而是從電阻、電容一個一個零件做出來的。」

「在未來三至五年內，我們要結束境外電腦企業在中國市場上橫行的歷史。未來五至十年內，結束境外企業在世界電腦市場上橫行的歷史，讓全世界的人都感受到，由於我們這一群菁英分子的努力工作，他們享受到了物美價廉的高科技產品。」

吳海軍顯然有充足的理由來解釋自己的成功，不僅如此，他還對未來充滿了信心。

經營好一個企業，成功的商業活動、合理的價格、優質的服務、良好的信譽、廣泛的宣傳是不可或缺的五要素，而「價格」是最關鍵的因素。商家的目的是賺取利潤，但客戶自然也要精打細算。所以顧客面對功能相似價格不同的產品時，總是趨向於購買價格低的。

不屑於「價格戰」的往往是紙上談兵者，而實幹的企業家才明白「低價」是產品最有力的拳頭。訂一個完美合理的價格，是企業贏得市場的關鍵。在市場競爭中，價格優勢同樣不容忽視。懂得定價，就必須瞭解市場形勢、國家政策、上游生產廠家研發動態、消費流行趨勢，以及競爭對手的經營情況。通過對這些資訊的分析，你就懂得了如何去與廠家談判，也就懂得了如何讓採購進來的商品，通過什麼樣的價格，形成最快的銷售態勢，以加快產品週轉，降低運營成本，使資金得到有效的利用。「價格致勝」往往是最有效的。

池宇峰：砍掉糟粕，最精華的才最有市場

　　單一的營利模式是否會帶來風險？許多創業者為了規避風險，獲取更多利潤，往往把攤子鋪得很大，妄想西瓜、芝麻一把抓。然而貪多嚼不爛，這樣做的後果最終是一無所獲。創業者在企業發展初期切忌漫天撒網，只有做好一件事情，把企業基礎打牢，才能有後續順利的企業擴張。

　　池宇峰的經商天分在大學期間就已嶄露頭角。從大二起，他開始在教學樓前兜售報紙；大三時炒股票；大四時，他甚至還和別人合夥辦了一家化工廠。這些經歷雖都沒有讓他賺到大錢，但畢竟積累了經驗。

　　大學畢業後，池宇峰進了廣州浪奇寶潔公司。半年後，他去了深圳──大陸創業者和冒險家的天堂。

　　最開始，池宇峰在一家電腦產品市場站櫃臺，在與合作夥伴反目後，他與另外幾個同學在一九九四年成立了深圳洪恩，主要做兼容機的銷售。當時剛剛啟動的 PC 市場給池宇峰和他的夥伴們帶來了好運氣──從一九九五年到一九九六年，洪恩電腦在整個深圳市銷量排名第一。

　　然而，當時大陸很多用戶對電腦知識的瞭解特別貧乏，怎麼裝音效卡驅動程式、怎麼播放電影，甚至怎麼用滑鼠、怎麼樣輸入都完全不懂，幾乎每天都有電話抱怨說機器壞了，這讓池宇峰以及其他裝機人員們相當納悶：才買的機子怎麼會就壞了呢？結果說音效卡壞了的，一看是音箱孔插錯了；說顯示器壞了的，一看是電源沒開；說機器不能運行了的，一看是他刪了一些系統檔

案等。池宇峰因此萌發了寫一本電腦操作手冊的念頭，但由於裝機工作實在太忙，因此一直未能如願。

　　一個偶然的機會，池宇峰認識了一位採訪過一些軟體企業的記者。這位記者告訴他，做軟體在未來可能會很有前途。此時，比爾‧蓋茲的神話已經傳到了中國。這些就像一種催化劑，使他普及電腦操作知識的思想再度被激發起來。與此同時，池宇峰也覺得，靠低級的兼容機銷售很難實現爆炸式增長，無法做成一個大企業。

　　池宇峰做事經常是隨心所欲，當他說要回北京，不再在深圳開公司時，他的合作夥伴也沒有驚訝，他知道池宇峰說得出就做得到，就是在廣州浪奇寶潔公司這樣的大型外資企業，池宇峰也是說不做就不做，要知道那個時候池宇峰放棄的可是令人眼饞的機會──總裁助理、去美國進修、一級部門經理……可是池宇峰同樣說不做就不做。

　　池宇峰回到了北京，開始了自己的創業。一九九六年十一月池宇峰在北京成立北京金洪恩電腦有限公司。沒有辦公室，就借了清華大學的化學實驗室，他與幾個同學吃住都在那裡。

　　他首先想到的就是開發軟體，因為在深圳賣電腦的時候，池宇峰經常遇到一些不懂電腦的人買了電腦回去之後，會因為一些在池宇峰看來很幼稚的問題而來找電腦公司的人解決，於是池宇峰決定開發一套電腦教學軟體，並且要用最輕鬆、最簡潔的語言和生動形象的畫面，來教會剛開始接觸電腦的人，告訴他們從打開機器到具體文檔的處理，以及消除病毒等所有的基本使用操作方法。

　　為了給這個教學軟體取一個叫得響的名字，池宇峰翻了幾天的成語字典，終於選擇了「開天闢地」四個字，作為這套軟體的名字。「開天闢地」的確是個響亮的名字，一亮相就引起了轟

動，才推出一天，就有三百多人訂購，一個月的時間銷量就突破一萬套。這是連池宇峰自己都沒有想到的，實在是太順利了，順利得讓池宇峰有點不相信自己的眼睛，經常以為是自己看錯了報表，所以很多次池宇峰問身邊的財會人員，是不是多寫了幾個零，而每一次身邊的財會人員都肯定地回答：「報表沒有錯！池總，我們公司的效益就是這麼好。」

第二套軟體《萬事無憂》、第三套軟體《暢通無阻》，都讓池宇峰充分享受到了所向披靡、戰無不勝的感覺，池宇峰開始把目光投向炙手可熱的英語教育領域，並且在很短的時間內，就開發出《隨心所欲說英語》《耳目一新讀英語》《聽力超人》等一系列英語教學軟體，這些英語教學軟體又在市場上勢如破竹，給池宇峰帶來成功喜悅的同時，也讓他的自信心異常膨脹。

池宇峰開始不再滿足於單純地做教學軟體了，他開始計畫著打造大陸最大的數位化教育企業集團，並且以軟體、網站、局域網、掌上設備、VCD、DVD 等數位化形式為載體，以兒童啟蒙教育、基礎教育、成人繼續教育、英語電腦知識、法律知識等為主攻方向，池宇峰豪情萬丈地對公司的部下說：「抓住一切可能的機會，只要是好的專案就上。」到後來連防毒軟體都不放過，也要跟瑞星、金山比個高低，分取市場的一杯羹。

就這樣一個又一個項目上馬，一個又一個項目推向市場，池宇峰忙得焦頭爛額，可是讓池宇峰感到困惑的是這種忙是白忙，財務報表上沒有一分錢的營利，有些項目還得不斷往裡填錢。

池宇峰想不通自己錯在哪裡。一天，池宇峰的副總見他又悶悶不樂地站在窗戶前，就對池宇峰說：「明天到我家去玩玩吧，好好散散心。」池宇峰知道副總的家就在大興，那兒有山有水，是個散心的好地方，就爽快地答應了。

第二天，池宇峰隨著副總到了他大興的家，副總的父母很高

興他能帶著池宇峰和一大幫公司的人來玩，就臨時殺了家裡的一隻雞，在燉雞湯放多少水的問題上，池宇峰聽見副總的父母在廚房裡面爭執，副總的母親認為人多，多放點水這樣每個人都可以喝上一兩碗，而副總的父親卻不同意，他說：「水放多了，湯就淡，這樣的湯就是再多，喝了也沒味道；湯濃，喝得再少也會覺得有滋味，因為那才是雞的精華。」

端著這一碗濃濃的雞湯，池宇峰忽然覺得這一趟沒有白來，回到公司後，他對自己的部下下達一個字——「砍」。把那些可有可無的項目都砍掉，把洪恩教育線上關掉。池宇峰會不時想起那碗濃濃的雞湯，其實湯濃不在水的多少，而在於是否是精華，真正的精華才是最有市場也最能長久的。

經歷了「全能選手」的失利後，池宇峰已由最初的心旌搖曳，變成現在的心平氣和，現在他的目標再清晰不過——在未來五年內打造大陸最大的數位化教育企業集團。

凡是和此目標無關的業務要嘛被砍掉，要嘛分拆出去——金洪恩已從營利模式最不清的「洪恩線上」中全線撤退，只用很少的投入維持網站的基本運營；回報同樣遙遙無期的遊戲部門分出來後，吸收了來自臺灣的資金，變成了一個獨立的公司——歡樂億派。就這樣，池宇峰的企業找到了正確的方向，重新走向了正軌。

池宇峰把攤子鋪得很大，他想做行業的「全能選手」，只要有利潤，都想分一杯羹。但是現實卻恰恰相反，他慘遭失利。創業者在企業發展初期最重要的是專注、穩定，而不是急速擴張。基礎不牢，建不起高樓大廈，只有穩定，才是發展的前提。

如果單純地把規模擴張等同於發展，而忽略了企業內功的修煉，如果不注意發展方向是否正確、速度是否適宜，那麼企業不發展就會衰老、死亡，發展方向錯了照樣會死亡。只有專注、專

精，企業才有競爭力。

　　企業一定要有自己的核心競爭力，一定要專注於自己的主營業務，尤其是在創業初期和企業的成長過程中。不能在自己最擅長的領域裡做到最好，那麼它肯定無法成長為一個大企業，無法成為企業領導者。只有當這個企業成長到一定的規模，多元化分散風險才能提上議程。許多人總認為雞蛋不能放在一個籃子裡，相信東方不亮西方亮。可是在創業初期的時候，我們寧願相信只有一個雞蛋、一個方向，只有堅持和專注，才有繼續發展的可能。

戈登・摩爾：解決問題只需要一個方案

　　當今時代，資訊產業幾乎嚴格按照指數方式領導著整個經濟發展的步伐，這個規律的發現者不是別人，正是世界頭號 CPU 生產商英特爾公司公司的創始人之一的戈登・摩爾。在摩爾主導英特爾公司的十幾年時間裡，以 PC 為代表的個人計算機工業萌芽，並獲得了飛速的發展。摩爾以其敏銳的眼光，準確地預測到了 PC 的成功。他果斷地做出決定，英特爾公司進行戰略轉移，專攻微型電腦的「心臟」部件——CPU。隨著 PC 在全球範圍獲得的巨大成功，提供 PC 核心部件的英特爾公司，從一個記憶體製造廠已經成長為一個更加輝煌的半導體晶片製造企業。戈登・摩爾正是這場變革和進步的最大推動者和勝利者。

　　一九二九年一月三日，戈登・摩爾出生在美國加州的三藩市。父親沒有上過多少學，十七歲就開始養家，做一個小官員，母親只有中學畢業，但一家人日子過得也溫馨和樂。

　　十一歲的時候，一次偶然的機會讓年幼的摩爾對化學產生了興趣。當時鄰居的孩子有一個獨特的聖誕禮物，那是一個化學裝置，裡面有許多真正的化學試劑，可以製成許多稀奇古怪的東西，甚至可以製造炸藥，摩爾簡直完全著了迷，整天跑到鄰居家裡去，研究這些小東西，他開始想成為一個化學家！

　　在學校裡，摩爾不是最用功的那個人，但卻是最會學習的那個，他整天跑出去做運動、搞發明，但學習成績一直還不錯。高中畢業後他進入了著名的加州大學伯克萊分校的化學科系，實現了自己的少年夢想。一九五〇年，摩爾獲得了學士學位，接著他

繼續深造，於一九五四年獲得博士學位。

畢業後，摩爾來到約翰·霍普金斯大學的應用物理實驗室工作。當時他的研究方向是觀察紅外線吸收性狀和火焰分光光度分析。但不久研究小組因兩個上司的離去而名存實亡。而摩爾開始思考自己的未來方向，他說：「我開始計算自己發表的文章，結果是每個單字五美元，對基礎研究來說這相當不錯。但我不知道誰會讀這些文章，政府能否從中獲得相應的價值。」

幾年之後，在諾貝爾獎獲得者、電晶體的合作發明者威廉·肖克利的邀請下，一九五六年，摩爾回到加州，作為一名化學專家加入了肖克利半導體公司，他想放棄以前那種太過於虛無縹緲的理論研究，做點事情，讓自己的研究得到應用。

事實證明，摩爾加入肖克利半導體公司是一個正確的決定，因為在這裡，他遇到了自己一生最好的合作夥伴，成就了一番最偉大的事業。但也有缺憾存在，因為肖克利是天才的科學家，卻缺乏經營能力，他雄心勃勃，但對管理一竅不通。史丹福大學一教授曾評論說：「肖克利在才華橫溢的年輕人眼裡是非常有吸引力的人物，但他們又很難跟他共事。」一年之中，實驗室沒有研製出任何像樣的產品。

於是公司裡意氣相通的八個人決定「叛逃」，帶頭人是諾伊斯，他是摩爾最好的朋友。他們向肖克利遞交了辭職書。肖克利怒不可遏地罵他們是「八叛逆」。但青年人還是義無反顧地離開了他們的「伯樂」。不過，後來就連肖克利本人也改口把他們稱為「八個天才的叛逆」。在矽谷許多傳說中，「八叛逆」的照片與矽谷第一位創業者惠普的車庫照片，具有同樣的歷史價值。

一九五七年九月，「八叛逆」手拿《華爾街日報》，按紐約股票欄目挨家挨戶尋找合作夥伴，他們找了三十五家公司，但被拒絕了三十五次。最後，他們找到了一家地處美國紐約的攝影器

材公司，這家公司名稱為 Fairchild，意思就是「仙童」。這家公司只提供了三千六百美元的種子基金，要求他們開發和生產商業半導體器件，並享有兩年的購買特權。於是「八叛逆」創辦的企業被正式命名為仙童半導體公司。

摩爾他們商議要製造一種雙擴散基型電晶體，以便用矽來取代傳統的鍺材料，這是他們在肖克利實驗室尚未完成卻又不受肖克利重視的項目。攝影器材公司答應提供財力，總額為一百五十萬美元。諾伊斯給夥伴們分了工，由摩爾負責研究新的擴散工藝，而他自己則與拉斯特一起專攻平面照相技術。

一九五八年一月，IBM 公司給了他們第一張訂單，訂購一百個矽電晶體，用於該公司電腦的記憶體。到一九五八年底，「八叛逆」的小小公司已經擁有五十萬銷售額和一百名員工，依靠技術創新優勢，一舉成為矽谷成長最快的公司，別人稱它是「淘氣孩子們創造的奇蹟」。

二十世紀六〇年代的仙童半導體公司進入了它的黃金時期。到一九六七年，公司營業額已接近兩億美元，在當時可以說是天文數字。人們說：「進入仙童公司，就等於跨進了矽谷半導體工業的大門。」

一九六五年的一個無意的瞬間，摩爾發現出一個對後來電腦行業極為重大的定律，它發表在當年第三十五期《電子》雜誌上，雖然只有三頁紙的篇幅，但卻是迄今為止半導體歷史上最具意義的論文。在文章裡，摩爾天才地預言說，積體電路上能被集成的電晶體數目，將會以每十八個月翻一倍的速度穩定增長，並在今後數十年內保持著這種勢頭。摩爾所做的這個預言，因後來積體電路的發展而得以證實，並在較長時期保持了它的有效性，被人譽為「摩爾定律」，成為新興電子電腦產業的「第一定律」。

　　但在當時，摩爾和其他人都沒有想到它的作用，因為這時的仙童已經在孕育著危機，隨著分公司的壯大，母公司總經理不斷地把利潤轉移到東海岸，去支持總公司的營利水準。目睹這種現狀，仙童的大批人才菁英，紛紛出走自行創業。

　　一九六八年，「八叛逆」中的最後兩位諾伊斯和摩爾，帶著當時還不出名的葛魯夫脫離仙童公司自立門戶，在加州的一幢舊樓中，英特爾成立了，新公司最初起的名字叫「摩爾-諾伊斯電子公司」。但是英文裡 Moore Noyce 聽起來與 more noise（吵吵嚷嚷）非常相似，所以又改成了「英特爾」。「英特爾」（Intel）本來源自於英文單字「智慧」（Intelligence）的字頭，同時又與英文的「集成電子」（Integrated Electronics）很相似，於是這個簡單卻響亮的名字就這樣誕生了！雖然是個小公司，沒有資金，沒有地方，但他們卻雄心萬丈，要闖一番偉大事業。

　　創業之初，三人一致認為半導體最具潛力的市場是記憶體晶片，這一市場完全依賴於高科技。一九六九年，英特爾推出自己的第一批產品——雙極處理六十四位元記憶體晶片，代號為3101。第二年，又推出第一個大容量（二五六位元）金屬氧化物半導體記憶體 1101。一九七二年，又乘勝推出第一個容量為一KB 的動態隨機記憶體 1103，這種價廉物美的產品深受歡迎，供不應求，它的誕生正式宣告了磁芯記憶體的滅亡，並最終成全了個人電腦革命。

　　誰知，就在他們以為找不到對手而洋洋自得時，日本最大的五家電器公司，聯合組建了一個超大規模的積體電路研究所，僅用四年時間就取得了非凡的成績。一九八〇年三月，惠普公司總經理安德森在華盛頓的一次會議上，發表了一份日美兩國晶片品質的比較報告，報告顯示：美國最好的產品的次品率，竟要比日本最差的產品高出五倍。這簡直讓矽谷狠狠地震動了一下。這還

沒完，一九八一年十二月，英特爾剛自信地拿出 8087 晶片時，日本松下馬上推出了 3200 晶片。雖然英特爾的這個六十四 KB 動態隨機存儲晶片包含了 65536 個元件，不僅能讀，而且能夠像黑板一樣擦寫。但日本的六十四 KB 晶片，卻倚仗著低成本和高可靠性，以迅雷不及掩耳的速度擠佔了美國市場，英特爾的單個晶片價格因此在一年內就從二十八美元慘跌至六美元。大象竟被螞蟻劈斷了腿，英特爾簡直成了矽谷的笑話，更令整個美國一片譁然。

在這個時候，戈登・摩爾突然做出了一個驚人的決策：進行戰略轉移，專攻微型電腦的「心臟」部件——CPU。因為他敏銳地預測到了個人電腦在未來的成功，所以決心冒險全盤放棄存儲晶片市場，只對準微處理器（控制晶片）市場。這個決定讓全公司的員工人心惶惶。有很多人說他瘋了，放棄了自己的優勢——存儲晶片，那不是把江山乖乖地送給對手嗎？而且失去了這個優勢，英特爾又將如何立足？但戈登・摩爾卻頂住了所有的壓力。後來的事實證明，就是他這個果敢的決策，確立了英特爾現在在全球微處理器市場上的霸主地位。而英特爾的輝煌背後，戈登・摩爾是最大的推動者和勝利者。

遇到一個難題時，戈登・摩爾可能會有五、六種解決方案，很多人可能都會浪費大量的時間把這些方案一一試驗探索，再淘汰那些可行性比較差的辦法，而戈登・摩爾卻彷彿擁有一種奇異的淘汰直覺，他會毅然放棄其餘方案，只選定一種解決途徑，而最終結果總是證明他所使用的方法是效果最佳的。

也許因為具有這種才能，他精彩的一生都是用不斷地淘汰所點綴起來的。

在 IT 行業有一個神話，這個神話就是一條定律把一個企業帶到了成功的頂峰，這個定律就是「摩爾定律」。「摩爾定律」的核心其實就是不斷淘汰。而這種淘汰就是放棄。只有懂得放棄的人，才能永遠擁有最新、最強的自己，才能在激烈的競爭中立於不敗之地。放棄不是認輸，而是為了爭取更好的機會。任何一個企業都不能守著一個拳頭產品，隨著技術的發展，拳頭產品也會變成普通產品，甚至是落後產品。只有不斷創新，不斷推出新產品，企業才能永遠擁有拳頭產品。

Chapter 08

創新探索，
做永不止步的開拓者

楊開漢：傘並非只能遮陽擋雨

　　創新並非一定要很多的投入，關鍵是意識觀念上的「創新」，能帶來其他領域的創新，進而創造有許多獲利的機會。創新並不等於資金投入，也不等於上新專案或引進先進設備。產品上一個小小的創意，不但能延續產品的生命週期，而且還能給企業帶來可觀的經濟效益。

　　曾經做過老師的楊開漢把自己創業的目光放到了製傘業上，因為自己原來在一家傘廠做過管理，對於製傘可以說是輕車熟路，只是自己手頭沒有多少啟動資金，於是楊開漢跑回老家和自己的父親商量，問父親同不同意拿些家裡的錢出來，幫助自己辦企業，誰知道父親連楊開漢的話都還沒有聽完，就冷冷地對楊開漢說：「我就是把錢丟到水裡聽個響，我也不會拿錢給你辦企業。」楊開漢這才明白，父親對自己當年放棄教師的職業還耿耿於懷，到現在還不肯原諒自己。

　　沒有辦法，楊開漢只得向自己的親朋好友借錢，就這樣好不容易借來了啟動資金，並且生產出第一批漂亮的雨傘，可是卻沒有一個客戶願意代銷楊開漢提供的雨傘，這些客戶對楊開漢說：「我們還以為你能生產出什麼更奇特的傘，這樣我們給你代銷也可以說得過去，現在你生產的傘和你原來的傘廠生產的一樣，我們又有什麼必要丟掉原來的老關係來和你做生意呢？」

　　楊開漢這時才知道那些酒席上的話是靠不住的，他原來在別人的傘廠做經理，這些客戶在酒席上一個個都拍著胸脯說過：「你楊總辦廠，我們一定和你做生意。」可是現在卻是一把雨傘

的生意都不肯和自己做。

雖然沒有客戶代銷雨傘，但這些客戶無意中的一句話，卻讓楊開漢產生了想法，他覺得這些客戶說得沒有錯，自己生產的傘根本就沒有競爭優勢，客戶有理由拒絕跟自己做生意。如果要和這些客戶做生意，就必須獨闢蹊徑，尋找一條與眾不同的路。

楊開漢開始像著了魔一樣在大街上、網路中尋找各種與雨傘有關的新聞軼事，而且不時會出其不意地問身邊的人，雨傘除了遮陽擋雨外還會有些什麼用？可是沒有一個人回答出讓楊開漢眼睛一亮的答案。

一天，滿身疲憊的楊開漢回到家裡，見兒子正在看電視，楊開漢又神經質一樣地問兒子，雨傘除了遮陽擋雨還會有些什麼用？電視裡正好在播放廣告，於是兒子隨口說了句：「做廣告。」就這一句話，讓楊開漢的眼前一亮，剎那間覺得身上所有的疲憊都沒有了。

楊開漢第二天就跑到工商局給自己的傘廠換名稱，他要創建大陸的第一家廣告傘公司——深圳南通北洋廣告傘（袋）製品公司。

就這樣，第一批廣告傘一出來，楊開漢就找了一百多人的龐大行銷隊伍去送傘，從深圳到珠海，從惠州到廣州，街頭巷尾，只要是有人願意撐開楊開漢的廣告傘遮陽擋雨，楊開漢就送廣告傘給他。不到一個月，整個珠江三角洲都出現了楊開漢的廣告傘，而且大家都知道深圳有家做廣告傘的南通北洋廣告傘（袋）製品公司。

楊開漢「以傘推傘」的推廣策略獲得了巨大成功，公司的生意也非常好，如今楊開漢的南通北洋傘業（集團）公司，經過十年的發展，已經積累了很多製作廣告傘的經驗，是一家集開發、生產、銷售和服務於一體的多功能現代化企業，而且在廣州、上

海、成都都有自己的分公司,楊開漢也在二○○七年榮獲美中經濟合作組織「中國首席青年企業家」、世界華人企業家協會「經濟與文化專員」等榮譽稱號。

一九九一年,楊開漢的南通北洋企業,為了及時搶佔旅遊禮品市場的這一空白,傾巢出擊,將絲印有美人圖、世界地圖及企業標誌的虎牌禮品傘全面推向市場。

楊開漢成功了,他的成功在於他知道,一張網,除了用它捕魚,還可以用它來做網袋裝東西;一把傘,除了用它遮陽擋雨,還可以用它做廣告。所謂物盡其用,楊開漢發揮到極致。

好的創意是與一個創業者終生相伴的。它不但在你的創業初期引導你走向成功,而且到了你商業壯大之後,它仍在各個領域以不斷翻新的姿態,為你起著非凡的作用。

　　創新的種類繁多,創造發明是一類,「創造性模仿」又是一類,前者如帶橡皮擦的鉛筆和可口可樂曲線形瓶子的設計,後者著眼於市場而非產品技術本身,著眼於消費者而非製造商。在多元化和個性化的時代,市場對產品的需要和願望也呈現出多元化和個性化,產品的功能性由單一向多種轉變。改良現有產品、開發新的暢銷產品或推出受歡迎的服務方式的契機,就隱藏在這些需要和願望的訴求中。所以成功的企業都是靠著在新產品的品質、功能、款式、特色以及服務上的創新而獲得成功的。

金・坎普・吉列：小剃鬍刀上累積大財富

　　有些創業者往往眼高手低，他們認為只有做大事才能凸顯自己的能力，才能成功。他們不屑於在小的方面進行改變和創新，但小小的創新往往會給創業者帶來巨大的財富，這是每個創業者都不應該忽視的。

　　產品沒有貴賤，越不值錢的商品越容易讓消費者失去抵抗力。很多時候不起眼的東西反而是一支奇兵，可以取得意想不到的勝利。

　　少年時代，金・坎普・吉列就飽嘗生活的艱辛。因為父親只是個小生意人，收入一直沒有穩定過，家境總是不大好。到了吉列十六歲那年，父親的生意破產了，一家人連飯都要吃不上了。面對這突如其來的打擊，吉列不得不選擇輟學，小小年紀就開始走向社會，用自己柔弱的肩膀為家裡擔起一份生活的擔子。

　　然而「自食其力」並不是說說那麼簡單，沒有背景、沒有學歷、沒有經驗，吉列什麼好工作也找不到，最後他別無選擇地成了一名推銷員，竟然一幹就是二十四年。

　　這二十四年的推銷生活使吉列無比煩惱。他為不同的公司推銷著日用百貨、食品、化妝品、服飾等各類物品。每天他忙得像停不下來的陀螺，嘴巴乾得像快要乾裂的河床。就算是這樣，他的生活還是很不穩定，可是激烈的競爭使他不得不繼續如此拼命。雖然多年的艱苦生活，使他的意志力和個人能力越來越強，也使他具備了豐富的行銷知識和社會經驗，但他仍然為人生看不到一點希望而煩惱，他真的很想擁有自己的一份事業，讓別人當

他的推銷員，讓別人來為他奔忙。

可夢想似乎總是那麼遙遠，吉列每天依然重複著緊張、忙碌而絕望的日子。每天早上起來，首先把鬍子刮一遍，是他幾十年來一成不變的程序，因為他深知神清氣爽地出現在客戶面前的重要性。然而，那時候的剃鬍刀設計很不合理，刀身與刀柄連為一體，用起來既笨重又費力費時，刀身總是很鈍，一不小心就會把臉刮破。而這刀刃偏偏又很容易鈍，於是如果不想花時間、花錢到專業的磨刀店裡去磨，就得自己耐心地在刀布上磨來磨去。有時候磨得煩了，吉列真恨不得就讓鬍子長成森林，可是為了工作，他又不得不注意形象。

那年夏天，天氣熱得像要著了火，吉列奔波到外地推銷產品。一大早，他起來對著旅館的鏡子費力地刮著鬍子。可是他看看時間不早了，怕客戶等急了，而臉上不斷冒出的汗水更讓他煩躁不已，等他把鬍鬚剃完，整個下巴已經被折騰得血肉模糊，慘不忍睹。他惱怒地把剃刀一摔，恨恨地想，什麼時候我才不需要趕死一樣地剃鬍鬚呢？什麼時候我才能有成功的事業、悠閒一點的生活呢？

也許是因為有想法，靈感一下就來了。吉列回憶起有一次自己為一家工廠推銷一種新型瓶塞，這種瓶塞很不起眼，價錢也很便宜，卻在市場上十分走俏，而吉列也很努力地推銷，因為銷售成績相當不錯，這家工廠的老闆特別欣賞他，還特地給吉列發了額外的獎金。

收下獎金後，吉列隨口問老闆，為什麼這麼一個不起眼的小小瓶塞，居然會這麼好賣？老闆呵呵笑著告訴他，別看這種新型瓶塞不起眼，可它屬於「用完即扔」的一次性產品，消耗得快，賣得自然也快，而且因為它價格便宜，人們在重複購買時也覺得能夠承受，所以掏錢時也就毫不猶豫了。

　　原來「用完即扔」產品是個這樣好的法寶，說者無心，聽者有意，吉列馬上想到，自己為什麼不設計一種讓消費者一點不心疼就肯掏腰包的產品呢？

　　就在電光石火間，吉列想到每天讓自己受罪不已的剃刀，自己不是曾渴望有一種更鋒利、更方便、更安全的剃刀嗎？那為什麼不設計出一種可以「用完即扔」的薄刀片來代替刀身呢？這樣雖然得把刀片和刀柄分開，但刀片鈍了的時候，只要換刀片，刀柄仍可以反覆使用，而剃鬚刀的成本也因此降低，消費者便不會有重覆購買的心理障礙。

　　吉列並不是一個空想家，而是個敢想敢幹的人。他立即買來銼刀、夾鉗、薄鋼片等工具和材料，關起門來細心地研究和構思。他想，代替刀身的薄刀片可以「用完即扔」，但刀片必須能和刀柄分開。這樣，刀片鈍了可以更換，刀柄可以反覆使用，剃鬚刀的成本也會降低，用戶才不會有重覆購買的心理障礙。這確實是一個成功的構想。

　　於是吉列把刀柄設計成圓形，上方留有凹槽，從而能用螺絲把刀片固定。刀片用超薄型鋼片製作，並夾在兩塊薄金屬片中間，露出刀刃，使用時刀刃與臉部始終可形成固定的角度。這樣既能方便地刮掉臉部和下巴上任何部位的鬍鬚，又不容易刮破臉。確定設計方案後，吉列請專業人員製作出樣品，雖然使用效果不算太理想，但與傳統剃鬚刀相比，無論是鋒利程度還是安全性能，都有了很大的提高。

　　但就在吉列把設想變成設計，信心十足，期望其新產品能更加完美時，卻成為朋友們取笑的話柄。對此他耿耿於懷，於是又去請教那些機械和工具的專家和學者，他們也認為他的新產品設想是不切實際的幻想，應當立即放棄。

　　但吉列堅持自己的想法，同時他也需要有人提供啟動資金。

於是他四處尋找合作人。好的創意終究是有人賞識的，一九○一年，吉列的好友將這個設想告訴了麻省理工學院畢業的機械工程師尼克遜，尼克遜對此很感興趣。數週後，尼克遜成為吉列的合夥人。為了籌措所必需的五千美元生產設備費用，公司的名稱改為美國安全刮鬍刀公司（後來改名為吉列安全刮鬍刀公司）。

其實吉列並沒有發明安全剃鬍刀。早在十九世紀末期的幾十年中，有許多安全剃鬍刀都有專利，但它們都是極其昂貴的，只有貴族才能使用。也有發明者設計成一種自行操作的「安全剃鬍刀」，然而卻賣不出去。原因很簡單，去理髮店只花十美分，而最便宜的安全剃鬍刀卻要花五美元——這在當時可算是一筆大數目，因為一美元就是高工資者一天的薪水。

吉列的安全剃鬍刀並不比其他剃鬍刀好，而且生產成本也更高。但是吉列剃鬍刀並不「出售」剃刀，他出售的是五美分的吉列專利刀片，由於一個刀片可以使用六、七次，因此每刮一次臉所花的錢不足一美分。因為剃鬍刀和刀片分離，新刀片瞬間就可裝上，省時省力，刮時不但不會傷及皮膚，而且舒適無比，所以消費者才會願意花錢去買。

一九一七年四月，第一次世界大戰已接近尾聲，美國向德國宣戰，並派兵進入歐洲戰場。一次偶然的機會，吉列從報紙上刊登的新聞照片上，看見大鬍子士兵在前線的照片，靈機一動，以成本價格向軍需品採購部門供應安全剃刀，美其名曰「優待前方將士」，立即受到了生活艱苦的大兵們的歡迎。

於是吉列的安全剃鬍刀，堂而皇之地進入了每一個士兵的背包裡。這項舉措不僅大規模地增加了公司產品的銷售量，更重要的是培育了固定和潛在的消費群體。這些士兵在部隊裡用慣了吉列的安全剃鬍刀後，一定也會把這種消費習慣帶回家中，成為吉列公司長期和固定的顧客。他們還可能會影響周圍的人，會讓使

用安全剃鬍刀的人越來越多。

戰爭結束後，幾十萬名復員的士兵帶著吉列刀架和刀片，分散到世界各地，廣為宣傳，產生了強大的廣告效應。

吉列靠的是一種創意，一種靈感，所以才會有了方便和安全的吉列剃刀！吉列大獲成功，他終於不用再受刮鬍之苦，也終於成了一個事業有成的人。

直到今天，吉列剃刀仍然暢銷，在製造和銷售剃鬍刀片這個最主要的業務範圍內，吉列公司壟斷了市場。

吉列的成功就是在簡簡單單的刀片上做文章，並且把這篇文章發揮得淋漓盡致，這看起來簡單，但真正從一九〇一年做到今天，那也是一種偉大。正如所有歷史上的偉大變革，都是由眾多細微的小小創新組合推動的。

經營產品沒有大小之分，關鍵是你的頭腦！初創業者最容易產生的誤區，就是要做大事，往往忽略了那些不起眼的產品。人生也是這樣，往往越簡單的事情越容易被人忽視，而知識越豐富，也越容易把簡單的事情想得複雜化，有的時候反而是越簡單，越容易被人接受。創新也不完全是靠長年累月埋頭鑽研出來的，創新有時就是那麼簡單。在人們的日常生活中，圍繞人們需求所做的小小創新，通常是最有市場的，是創業者不能忽視的財富。

拉裡恩：瑕疵中也有超越完美的創造力

　　創業者創造了百萬、億萬的財富，甚至對某些行業和領域的發展，產生了至關重要的影響。從挖掘第一桶金的大膽決策到企業快速擴張過程中的經營戰略，這些傑出的領袖式人物在創造財富過程中的傑出表現，也許會帶給人們更深層次的啟發。成為成功創業者的另一個必備要素，是不但要有與眾不同的觀點和目光，更要有堅持己見的執著精神。

　　很多年前，在紐約的第五大道有一家名叫 MGA 的玩具商店，老闆拉裡恩出於一種「銷售不如生產」的想法，就以自己的商店名稱命名開辦了一家小小的玩具娃娃公司，並給其生產的娃娃取了一個很可愛的名字：Bratz。

　　拉裡恩的朋友們都說他簡直是瘋了，因為在玩具娃娃當中，已經有一個幾乎「雄霸天下」的完美經典，那就是誕生於一九五九年的「芭比」！她以高貴和典雅著稱，白皙無瑕的皮膚，雍容華貴的服裝，在幾代人的心目當中，「芭比」簡直就像公主一般完美，你如何去和人們心中的經典競爭？拉裡恩的朋友果然沒有說錯，他的 Bratz 娃娃一生產出來就被積壓在倉庫裡無人問津，僅僅兩個月後他就無奈地選擇了暫時關閉工廠。

　　難道完美經典就真的無懈可擊？拉裡恩困惑極了。在一個週末的清晨。他獨自一人拿起陳列在書房裡的 Bratz 娃娃深思了起來。這時，他那只有七歲的孩子走了進來，在玩耍的時候，他的孩子不小心將幾滴墨水濺到了 Bratz 的臉上，可讓人意外的是，他的孩子開心地一把抱起 Bratz 走到鏡子前哈哈地笑了起來。拉

裡恩奇怪極了，孩子平時並不喜歡這個陳列在家裡的娃娃，可為什麼它的臉上有了瑕疵，孩子反而喜歡它了？

「你不覺得她和我很像嗎？看她那一臉的雀斑，真可愛！」他的孩子指著 Bratz 臉上的墨水污漬說。

「雀斑？」拉裡恩細細看去，發現孩子說的確實很形象，娃娃臉上的墨水污點果真與孩子臉上的雀斑像極了。拉裡恩大膽地想：太完美的形象是不是容易給人一種不真實的感覺，而瑕疵的出現，卻使這些娃娃們成了人們身邊切實存在的朋友，甚至是他們自己？拉裡恩這樣一想後，猛地一陣激動：這其中是不是暗示著某一條能夠超越經典的途徑？

不久後，拉裡恩為自己的 Bratz 娃娃打造了一個共有五位成員的組合，分別叫做雅斯敏、科洛、卡梅隆、小玉和薩莎，拉裡恩把她們全部一改模仿「芭比」的那種端莊、高貴的完美造型，她們膚色各異，來自不同種族，足蹬厚底靴，著裝前衛，活力四射。

最為主要的是拉裡恩有意識地在她們的臉上製造了一些雀斑，這些「瑕疵」讓人們一看到就覺得耳目一新。這些娃娃推向市場後，相繼被沃爾瑪和玩具反斗城在內的各大連鎖超市、百貨公司看中並收入櫥窗，其平民化的特點很快得到了消費者的普遍認同，在當年的耶誕節的禮物銷售市場中，Bratz 娃娃就以讓人難以想像的銷量一舉擊敗「芭比」，排名時裝玩偶第一，受歡迎程度震驚了整個玩具業。

為了擴大品牌影響力，拉裡恩接著又為 Bratz 娃娃加入了雷射唱片播放機、電話和其他生活時尚用品，並授權開發了包括寢具、太陽鏡、鞋和電子遊戲等一系列 Bratz 品牌產品。僅用了兩年時間，Bratz 娃娃就成功打入了國際市場，徹底打破芭比「獨攬天下」數十年的局面。

經過十年的發展，拉裡恩用持續穩定的市場銷量，說明 Bratz 已經成為世界上最受歡迎的玩具娃娃，美國《時代》雜誌這樣評價說：「拉裡恩創造了一個不可思議的奇蹟——用瑕疵超越了完美的經典！」

《財富》雜誌曾經介紹過一些白手起家的百萬富翁自述的發家史。他們分佈在金融、IT、傳媒、零售、快遞、體育等各個行業，親手創下的企業，如今都已成為世界上赫赫有名的大公司。細讀他們的故事會發現，這些創業者有一個共同的特點——靠點子起家，憑著自己的奇思妙想，敢想敢做別人認為不可能的事，並且執著於自己的信念。

競爭是無法避免的。或許你擁有雄厚的資金，進行著大規模生產，領導著市場潮流，從而創造了輝煌的業績，但是這並不代表永恆。市場在日新月異地變化，新的思想、新的方法、新的領域、新的機會，將對一切傳統的思維、陳舊的方法構成強勁的衝擊。如果不去創新，你今天還是市場的先驅，明天就會成為落伍者。而創新並不是人們想像中那麼難，只要改變現狀就是最基本的創新。創業者應該善於以自己的新產品打敗自己的老產品，以新機制淘汰自己的老機制。

何永智：創新讓企業發展一路領先

縱觀何永智經營「小天鵝」的經歷，其最大成功得益於創新。何永智的創新分兩個方面：一是火鍋原料製作、器具使用方面的創新；二是火鍋經營方式上的創新。

回想自己的創業過程，何永智說：「堅持和創新是最重要的。女性親和力強，本身又能吃苦，加上細心和一顆包容的心，這樣是很容易打動顧客的。」

何永智的美麗是出了名的。

當年何家七姊妹中，七個都嫁了如意郎君，而最漂亮的七妹何永智卻沒有像如今大多數美女一樣找個「好歸宿」，她嫁給了身分「低微」的廖長光。

不管在哪個時代，沒有錢的日子過起來都不容易。談戀愛的時候，何永智和廖長光就為結婚的房子而犯愁。為了賺錢，何永智每天下班後，在家打「海狐絨大衣」，廖長光拿到集市上去賣。過了一陣，兩人終於攢上了六百元，買了一處簡陋的私房當做洞房。

轉眼間，夫妻倆結婚三年了。一天，廖長光對何永智說：「我們住的房子，現在可以賣到三千元。」在一九八二年，三千元對何永智簡直就是一筆天文數字。膽大的何永智想，為何不拿這錢做小生意？於是何永智夫婦把房子賣了，用這筆錢買了個當街的小門臉，先是做點小百貨生意，後來開起了火鍋店。

說是火鍋店，不過就是在當時重慶八一路「好吃街」上多了一家十六平方公尺、三張桌子、三口鍋和三個打工仔的小店鋪。

「其實是兩張半桌子，因為店太小了，有張桌子一半的腿還在屋外面的臺階上。」何永智對當年的情景記憶猶新。

店雖小，可終歸是自己的店，何永智給火鍋店取了個好聽的名字——小天鵝。張羅著自己的小店，二十九歲的何永智感覺生活也有了盼頭，忙前忙後，可第一個月下來卻賠了幾十元。何永智沒有灰心，在味道和服務上想辦法不斷改進，工夫不負有心人，三個月後，店裡的生意總算一天天好了起來。後來夫婦倆都辭掉了工作，一門心思經營火鍋店。

很快，店裡的桌子不夠用了，店堂外加了桌子也不夠，桌子沒有了就把啤酒箱子翻過來，上面放上一塊木板當桌子，碰到下雨，就在桌子上面撐把雨傘，客人們披上雨衣繼續津津有味地吃著……

生意如此火爆，何永智到底用了什麼「花招」？客人們說，這家店老闆服務特別好，調料大瓢大瓢地往鍋裡加。靠著良好的口碑，「小天鵝」越做越大，許多來過的顧客都成了回頭客。

一九八八年，「小天鵝」店面擴大到了一百多平方公尺，成了酒樓而不是街邊大排檔了。

許多外地人慕名來到「小天鵝」，也想嘗嘗傳說中的「重慶火鍋」，可從小缺少麻辣薰陶的人嘗完之後被辣得受不了。心思細膩的何永智琢磨了半天，想出一個把火鍋一分為二的辦法，即在大鍋中間隔一塊板，將紅湯和清湯分開，可是這一舉措並不成功。由於隔板與鍋齊平，最先沸騰的紅湯總是濺進清湯裡。

一天，何永智和丈夫在江邊看江景，登高望遠，只見長江和嘉陵江在朝天門氣勢洶湧、浩浩蕩蕩地匯合，兩江之水結合處卻遲遲不相混合，在江心有一道明顯彎曲的水線。何永智受到了啟發，來了靈感：把火鍋中間的隔板搞成太極圖形，一半清湯一半紅湯，這樣兩邊的湯就不會溢出來了。這就是如今盛行的「鴛鴦

火鍋」。

　　一九九〇年，何永智帶著「小天鵝」進軍成都市場，她在當時還是郊區的二環路邊上租了間二千平方公尺的房屋，投資一百八十萬元，開設了重慶市以外的首家分店，何永智還專門請來一位赴法留學了三年的工程師，將三層樓分別裝飾成歐式風情、南亞風情和民族風情，命名為「重慶小天鵝火鍋大酒店」，後面一片寬大的停車場，引來了眾多食客，同時將「停車經濟」的概念帶到了成都。

　　成都分店還有一個「創舉」就是歌舞伴餐。現在「歌舞昇平」已經過時，大部分的餐館都不再使用，「小天鵝」仍把其作為「保留節目」，並且有專門的歌舞訓練基地為其藝術團培養人才。

　　如今何永智又借鑑日本料理的形式，「折騰」出了火鍋材料迴轉式小火鍋，據說在東南亞的分店主要採用這種模式。而「小天鵝」在進入廣東市場時，何永智又為害怕吃辣的廣東人發明了帶滋補功能的「子母鍋」：將大鍋裡套小鍋，小鍋裡面盛清湯，大鍋裡面盛紅湯，從清湯裡面夾菜滴到紅湯，而紅湯卻不易混進清湯，很好地解決了辣與不辣的問題。

　　何永智這樣對《時代人物週報》描述自己的資本原始積累：從零到十萬元，我用了六年；從十萬元到一百萬元，我僅僅花了一年時間；從一百萬元到一千萬元，對於我就僅僅只是一個數字概念了。

　　一九九二年，何永智夫婦已擁有上千萬資產，十餘家企業。當他們正在琢磨著如何將重慶「小天鵝」低成本擴張時，正好天津人景文漢途經四川綿陽「小天鵝」，看到小天鵝火鍋店歌舞伴餐飲的熱鬧場面，想和「小天鵝」聯姻，於是雙方一拍即合，決定由「小天鵝」出人員、技術、品牌，景文漢投資金，共同辦

店。一九九四年六月八日，天津加盟店正式開業，僅僅用了八個月便收回了全部投資。有人評價說，在人們還不知道加盟為何物時，何永智成了大陸最早應用加盟經營模式，進行品牌擴張經營的人。

運用這種經營模式，何永智以平均每月一家的速度開辦「小天鵝」火鍋加盟連鎖店，向全國各大城市推進，先後在北京、上海、廣州等地開設了分店或加盟店。一九九五年，「小天鵝」先後飛越重洋，到美國的西雅圖等城市落戶。

二十三年前的一天，何永智賺了七十元，相當於那時她一個月的工資，拿著錢何永智激動得一夜沒闔眼，並且決定正式辭職經商。如今何永智曾經工作的工廠早已倒閉，而她則擁有了三百二十多家連鎖機構。小天鵝集團已發展成為集餐飲服務、服裝製作、食品加工、高新科技等多行業為一體的跨國集團。

突破和創新是一個企業發展的動力和保障。企業在新的戰略實施時，及時地變革組織，創建出適合的、先進的組織，以此來保障新戰略的平穩實施。在遇到困難時，勇敢創新，打破原有的規則，制訂出新的、更適合市場需求的規則，從而使問題迎刃而解。一成不變的企業是跟不上市場發展速度的，只能在市場的滾滾大潮中被淘汰。因此企業家要敢於突破規則，創造適合自己企業發展的新規則，這樣企業才會越做越長久。

淘金
點評

　　企業最大的悲劇在於創新意識的毀滅。市場是瞬息萬變的，要想領導市場潮流、代表市場的主流趨勢，創新意識乃是第一位的。市場不斷創造著新的領域，就必然呼喚著相應的創新——思想的創新、管理的創新、產品的創新。在有些行業，很多創新很快就被同行學去了，我們只有不斷創新，一直走在別人前面才能獲勝。只有創新才能使企業成功駕馭市場，永保活力。

本田宗一郎：不斷創新，擊敗汽車老霸主

　　本田宗一郎是一位從第二次世界大戰的經濟廢墟中走出來的有代表性的成功者，一名令全世界摩托車、汽車製造者同行望而生畏的勁敵。他既是一位卓越的技術專家，又是一位膽識過人的創業家和經驗豐富的企業家，同時還是一位實幹家和冒險家。他信奉的人生哲學就是「拼搏與挑戰」，他成功致富的經驗就是「創新、創新、再創新」！

　　本田宗一郎於一九〇六年十一月十七日出生在日本靜岡縣的一個窮苦家庭，他自幼便對機械表現出了一種特殊的偏好。高小畢業後，十六歲的他不顧父親堅決反對，毅然來到東京一家汽車修理廠當學徒。六年學徒生涯結束後，他回到家鄉在濱松市開設了一家汽車修理廠——「技術商會濱松支店」。由於他技藝高超，待人誠懇，生意非常興隆。然而目光遠大的他在修車店生意十分興旺的時刻，毅然關閉了自己的修理廠，因為他覺得修理汽車不會有太大出息，自己應該從事更富創造性的製造業。

　　一九三四年，本田宗一郎創建了「東海精機公司」，雖然初出茅廬，但在他的用心經營下，公司總算生存了下來。二次世界大戰以後，作為戰敗國的日本，經濟上同樣受到了毀滅性的打擊，本田公司處境艱難，加之在此以前豐田公司已持「東海」較多股份，個性較強的宗一郎不甘受制於人，於是他在一九四五年將自己擁有的股份以四十五萬日元價格轉讓給豐田，自己徹底撤出了「東海精機公司」。

　　一九四六年十月，本田宗一郎在濱松設立了「本田技術研究

所」，主要生產紡織機械，這是他人生旅途中的一個重大轉捩點。當時戰爭剛剛結束，各種物品十分匱乏，城鎮居民只能依靠明顯不夠的定量糧食生活，許多家庭不得不到黑市甚至農村購買高價糧食。由於交通不夠發達，頻繁流動的人口使汽車、火車等各種交通工具均超員運行，而日本崎嶇不平的山路，又使騎自行車收糧十分費力。本田宗一郎看到這一點後，馬上想到了陸軍在戰爭期間留下的許多無線電通訊機，它們不正是可以安裝到自行車上去的動力機嗎？於是他以低價購到一批通訊機，拆下其上的小汽油機，並用水壺作為油箱，改製成一架小汽油機後安裝到自行車上，做成一種新型的「機器腳踏車」。由於產品適銷對路，馬上成為搶手貨。一九四七年，當舊通訊機用盡以後，本田宗一郎又親自動手研製了五十毫升雙缸「A型自行車馬達」，這就是最早的「本田摩托發動機」，也是本田 A 型摩托批量生產的開始。他的成功引起了人們的注意，許多人都在仿製本田式的「機器腳踏車」。為在摩托車領域站穩腳跟，本田宗一郎決定生產真正意義上的摩托車。一九四八年九月，他正式組建了「本田技術研究工業總公司」並自任社長，從此揭開了本田大發展的序幕。

　　二十世紀二〇年代，美國對日本汽車有著嚴重的蔑視。一九二五年福特公司在日本建立工廠，兩年後，通用公司接著也到日本開廠。這兩家工廠每年的生產能力大約為兩萬輛，由於有著龐大的銷售網和服務網，兩家公司把日本汽車製造商殺得七零八落──一家公司倒閉，另外三家也只能靠生產軍用卡車勉強維持生計。

　　但是日本汽車在。二次世界大戰後就開始崛起，這是美國汽車廠商無法阻止也不願面對的事實。

　　二次世界大戰後最初幾年，美國佔領當局制訂了一個所謂復興計畫，其中有一項是修復當年美軍撤退時拋棄的許多設備。這

時豐田以及日產在內的日本汽車公司，就撈到了修復軍車的生意。

這筆生意使日本製造商獲益甚豐。日本人獲得了大量的汽車生產方面的先進技術，通過修復軍車，還使日本的技術人員和工人受到了生產、品質、維修等方面的技術訓練，這大大改變了日本汽車製造技術落後的面貌。更為重要的是日本商人通過這筆生意獲取了高額利潤。

日本汽車廠商就這樣在自身努力下，踏上了一條坎坷不平的出口之路。一九五五年，日本開始向世界市場出口汽車。豐田公司推出了出口美國市場的第一輛小轎車——豐田寶貝，但並沒有成功，這輛車有嚴重的缺陷，雜訊像卡車一樣響，內部設計極不合理，外觀極其難看，而車燈甚至暗得不能達到加州的行車標準。

「豐田寶貝」很快遭到了美國輿論的嘲笑，《華盛頓郵報》的一篇文章說：「日本人費盡心機遠道而來，送來的卻是二〇年代的外觀，三〇年代的品質，四〇年代的價格。日本汽車要闖過通用、福特、克萊斯勒的防線，至少還得十年時間。」

此時通用、克萊斯勒有什麼反應呢？當然不會有，在他們背後是種族歧視心理，克萊斯勒的一位經理說：「我們在第二次世界大戰中，曾經無情地鞭撻了這幫蠢貨，告訴過他們誰是主人。」

到此為止，日本汽車廠商的所作所為，確實沒給美國汽車市場帶來新的新聞。美國汽車廠商此時也似乎更加堅定了以前的看法，那就是日本人會無趣地自動退出市場。

這時日本開始醞釀全新的出口策略。顯然，豐田還未對通用、克萊斯勒等構成真正意義上的競爭。這就首先必須找出競爭點，並以此為突破點。

這時，策略的調整使日本人的優勢被大大地挖掘出來了。顧客第一的原則被提到了前所未有的高度。

豐田公司知道要在美國打開市場，就必須弄清楚美國的汽車買主和經銷商的偏好，同時為了「知己知彼」，也應該留意福斯汽車公司等在美國汽車市場的行銷經驗和策略。

豐田撥出資金，雇用大批人員進行了認真細緻的市場調查工作。調查是非常全面的，諸如美國人的身材特點、精神面貌、經濟狀況、年齡分佈、購車動機、購買方式、購買偏好、購車標準、道路等級等。這項大規模的調查，給豐田帶來了許許多多的新的認識，特別是瞭解到了美國汽車市場的新動向。

經過一段時間的研究和論證，豐田等日本廠商堅定了對小型汽車的信念。競爭的突破點也找到了——美國式小汽車。

經過努力，豐田的工程師設計出了美國式小汽車——光冠車。這種美國化的日本車，滿足了美國消費者的許多方面的要求，如易於操縱，耗油量小，外觀造型設計非常優美，並且內部設計也非常美國化，即有柔軟舒適的坐椅，柔色的車窗玻璃。這種車在發動機功率和性能上比福斯公司的金龜車高一倍。可以說，光冠車的設計已有突破性的改進。

為了能迅速打開市場，豐田的光冠車售價不到二千美元，這是非常有誘惑力的價格，很快在公眾中樹立了價廉的印象。

投放到市場後，這種光冠車果然具備較強攻擊力，銷售量日漸上漲。這時豐田決定重點開闢西海岸四個主要城市的市場——洛杉磯、三藩市、波特蘭和西雅圖。因為一旦在這些城市站穩腳跟，便可向美國其他地方大舉進攻了。

豐田這時還注意到，服務系統必須同時跟上。因為調查研究表明，福斯公司之所以成功，在很大程度上是由於該公司擁有一套卓越的服務系統。特別是提供維修服務，這樣可以打消消費者

擔心外國車買得起卻用不起，而且很難弄到零配件的顧慮。

豐田準備好了價值二百萬美元的零件貯備，在每次開闢新的市場前，首先就將服務網路建起來。豐田對代理商實行嚴格挑選，所選擇的代理商都是那些聲譽較好，具備經營外國產品的豐富經驗，並且其顧客也都偏好進口汽車的商號。這樣做使豐田擁有一批穩定的代理商，儘管豐田此時只推出光冠車型，但到一九六七年，代理商中的大約百分之四十五已經專門為豐田服務了，這個數位僅次於福斯的代理商。

一九七〇年和一九七四年，豐田對光冠產品做了重大修改，使它真正地作為一種交通工具而出口，同時也進一步美國化。經過修改的車型車身擴大了，踏板加寬了，就連扶手的長度和腿部活動空間的大小，也都是按美國人的身材來設計的。

一九七二年九月，豐田市場服務部推行了一個獨特的、名為「想像工程」的全國銷售計畫，目的在於通過進一步瞭解顧客的要求以及加強雙方的溝通，促使經銷商能取得更好的銷售業績。豐田還以東道主的身分舉辦國際研討班，引導它的經銷商採用公司開發的零部件管理軟體系統。更為重要的是豐田生產成本的降低，使得它能通過每輛車大約一百八十一美元的豐厚利潤來扶植和激勵它的經銷商，這對於小型車是前所未有的，因為這和經銷一輛大型美國汽車的利潤相等。

這些措施取得了驚人的成就，一九六五年豐田推出光冠車時，其經銷代理商的數量僅僅為三百八十四家，而到一九七〇年則發展到了一千家以上。同期，在銷量上遙遙領先的美國汽車廠商的經銷商數量卻減少到五千多家。在這短短的五年時間內，豐田就達到了克萊斯勒公司的銷售水準。

通用、克萊斯勒從來不理解他們的外國競爭對手，只是簡單地把他們看成是石油危機中走運的機會主義者。他們不能接受這

樣的觀點：日本人有許多值得美國人學習、借鑑的地方。這種觀點是和他們心中固有的「美國人能幹」的自信相違背的。通用、克萊斯勒也不願接受這樣一個事實——競爭可能產生出更好的汽車，並且是永恆存在的現象。

二十世紀六〇年代初，美國開始了一場廢氣限制運動。一位參議員向議會提交了一份限制汽車廢氣污染的議案，這個議案最終於一九七〇年十二月為議會所表決通過，也就是邁斯基法案。

美國的這項法案意味著歡迎更多的節能型交通工具。日本生產廠商敏銳地抓住了這個市場訊息，以符合廢氣標準為前提來製造新車，加強科技攻關研究。一方面要使汽車維持原來的性能，另一方面又要淨化排出的廢氣。一開始時困難很大。這兩個目標難以兩全——新造出來的一些達到廢氣控制標準的車子，受到性能差、加速慢、浪費汽油等問題的困擾。

後來日本廠商終於解決了這些難題。本田公司開發出一種新的 CVCC 引擎（複合渦流調速燃燒），效果不錯。豐田公司又開發出一種稀薄燃燒控制體系的新型引擎，在引擎階段即可以防止廢氣外排，只需要氧化觸媒便可完成防止污染的功能。

而此時美國汽車廠商的反應是什麼呢？他們一再抱怨政府的這項規定加重了企業的負擔。克萊斯勒的主管財務的副總裁卡爾・基弗公開宣稱：「在還沒弄清生產代價的時候，就盲目聽信國家沙文主義的安排是非常愚蠢的。」

美國製造的汽車正在不斷地積壓，經銷商已經開始抱怨巨大的銷售壓力，而且這種趨勢似乎愈演愈烈，克萊斯勒在一九六九年的市場佔有率下降了百分之二，大量庫存堆積如山，足足有往常三個月的銷售總量。但副總裁約翰・裡卡多（後來成為總裁）仍然看不到問題的嚴重性，他說：「我們就是這樣計畫生產的。」美國汽車製造商繼續生產著大型豪華汽車。

一九七三年後期，沙烏地阿拉伯為抗議美國對以色列在中東戰爭中的支持，宣告實行石油禁運，緊接著，石油輸出國組織通過協議，加入石油禁運的行列。

消息傳到美國，引起一片恐慌。油價陡然上漲了兩、三倍，曲折蜿蜒的汽車長龍排在各加油站周圍，掀起陣陣搶購狂潮。政府馬上宣佈實行定量配給，於是大批的車主在為有限的存油而發愁。由於「二次世界大戰」後美國城市化的進程是靠汽車的普及來推動的，商業、學校以及工作地點一般相隔較遠，必須依靠汽車工具來維持聯繫，如今定量配給石油，給居民生活帶來極壞的影響，更糟的是，油價仍在上漲。

能源危機的直接影響在通用和克萊斯勒的銷售和利潤指標上顯示出來了，在石油禁運的五個月裡，汽車銷售下降百分之三十五以上，這是自從一九五八年經濟衰退以來最壞的暴跌。由於產品庫存不斷增加，通用公司臨時關閉了它的二十二個裝配廠中的十三個，四個衝壓廠中的三個。克萊斯勒則臨時關閉了四個海外基地。

直到一九七四年中期通用公司終於醒悟了，但為時已晚。此時豐田已經完全打進了美國市場，並佔據了大量的市場佔有率。歸根結底，美國汽車行業的悲劇發端於對日本的蔑視，而日本卻積極創新，迎頭趕上，美國汽車只能自食惡果。

「只有堅持不懈，才有可能成功！」偉大的創新家，從美國的愛迪生到日本的本田宗一郎，無一不把這句話作為座右銘。愛迪生強調指出，創造力依據的是百分之九十九的努力和百分之一的靈感。本田宗一郎贊同愛迪生的觀點，認為他的成功來自他的「失敗」。他認為一連串的「失敗」，乃是不斷嘗試錯誤的探索性試驗，是成功的創新所必需的。他說：「我從自己的經驗中體會到，創造發明不是異想天開，而是走投無路、迫不得已時的智

慧結晶。」這種經歷一次又一次失敗而絕不放棄的不屈不撓態度，是本田宗一郎成功致富的重要法寶。

　　一個企業的產業和市場結構，有時可能持續很多年，從外表看非常穩定，但事實上，產業和市場結構十分脆弱，遇到一點點衝擊，原來的狀況就會崩潰，而且速度很快。一旦產生這種情況，產業中的每個成員都必須有所反應，繼續以往的做事方式，註定會帶來災難乃至滅亡。面對市場變化，只有創新，否則就是死亡。

英格瓦・坎普拉德：顧客的需求就是宜家創新的靈感

　　凡是購買宜家傢俱的人都知道，無論從哪家分店購買宜家的傢俱，運回家後都要自己動手組裝，就像把音符聯結成樂章一樣。然而享受著這一樂章的顧客不知道的是，這一完美的創造源於一個偶然的機會。

　　一九五三年的一天，英格瓦・坎普拉德像往常一樣，與同事一起為商品目錄拍攝桌子的照片。照完相，大家要把桌子裝箱時，一位同事在旁邊嘀咕說：「天啊，這樣實在太占地方了，不如把桌子腿卸下來放到桌面上。」就這樣，宜家的傢俱改為平面包裝，並由此開始了一場革命。當年在宜家的商品目錄中，很快就出現了第一件自助組裝傢俱——麥克斯台桌。後來又有了成套的自助組裝傢俱。

　　到一九五六年的時候，自助組裝傢俱的概念已形成了完整的體系。通過自助組裝，宜家節約了大量的生產費用和運輸成本，同時也降低了價格。這一創新完全符合宜家物美價廉的理念，因此一直延續了下來。

　　一九二六年，宜家的創始人英格瓦・坎普拉德出生在艾姆赫特。他是這個家中的頭一個孩子，五歲時便顯現出經商的才能，那時坎普拉德就開始做買賣火柴盒的小生意。一九四三年春天，十七歲的坎普拉德要去商學院上學了，他決定在上學前成立自己的公司。因為還未成年，他必須先爭取到監護人的許可。於是騎了六個小時的自行車，坎普拉德在一個叫阿根納瑞德的村裡找到了叔叔，在叔叔的廚房裡，他拿到了許可文件，隨後將該文件連

同一張十克朗的鈔票一起寄給了郡議會。宜家就這樣誕生在飄著咖啡味的廚房裡。「Ｉ」代表英格瓦，「Ｋ」代表坎普拉德，「Ｅ」代表艾姆赫特，「Ａ」是阿根納瑞德。

　　在商學院的學習是坎普拉德人生的轉捩點，他更深刻地懂得，要成為一個出色的生意人，就必須首先找到最簡捷同時也是最廉價的方法，把商品送到顧客手上。直到今天，坎普拉德還有一個令他太太深感厭倦的習慣。「我已經習慣了在對方就要起身離開之際問一句：能否再便宜一點？」就是這樣，成本意識成為宜家深以為自豪的生意經，所以公司裡的人們已經習慣了把繩子、紙張以及箱子反覆使用的做法。

　　坎普拉德是幸運的，他在家居事業上的作為，不僅來源於他精明的商業頭腦，還得益於瑞典經濟繁榮的大環境。從一九五〇年一直到二十世紀七〇年代初，瑞典的國民生產總值平均年增長百分之四，一九六〇年到一九六五年之間，增長幅度幾乎達到了百分之六，勞動市場一片興旺。這一持續增長帶來的現代化成果是農村人口迅速減少，城市卻在不斷地增多和擴大，並向郊區輻射發展。年輕人迫切需要找地方住下來，人們需要盡可能便宜地裝修新房子。當時瑞典政府對人們使用傢俱提出的建議是：既要方便生活，又要有利於健康。坎普拉德的「大眾家居」概念應運而生。

　　坎普拉德在時代大潮的推動下，發展著自己的家居事業，他喜歡說的一句話是：「只要我們動手去做，事情就會好起來。我們的生活就是工作，沒完沒了的工作。」在坎普拉德的記憶中，工作裝點了宜家的生命。「為普通大眾創造美好生活的每一天。」坎普拉德在他後來寫的《生存理念》中表述了這一畢生追求。

　　也就是在創業的這個階段裡，宜家人也養成了一種習慣，即

喝咖啡吃甜點。「餓著肚子促不成好生意」，同樣，餓著肚子也沒有心情買東西，所以小茶座便發展成為今天宜家每一家商場一進大門就看到的餐飲部，這個小餐廳在宜家每年的全球營業總額高達十六億美元。

　　為了能夠滿足不同年齡層顧客的需求，宜家每三年就會對顧客做一次全面的市場調研工作。這項市場調查工作的結果，是以一幅幅社會生活的圖片表現出來的：一雙腳代表離開父母，開始邁出家門的人生；一顆心表示兩個人相愛，建起共同的小窩；二加一等於三代表有了第一個孩子的家庭；一台電視機代表孩子進入能看電視的兒童期；五十五加未知數代表進入老年的生活；一個掛鐘代表的是在家辦公的人。「每一種類型的人都需要不同類型的傢俱和家居用品，如何滿足他們的需要是家居企業的責任。」宜家的工作人員會向你做出這樣的解釋。

　　現在在宜家公司裡已經見不到坎普拉德。這位當年宜家的創始人不可能一輩子守著宜家。一家公司走向成熟的關鍵步驟之一是創始人把財權移交出去，否則就會妨礙企業的創新發展。一九八六年，坎普拉德將宜家的經營管理交給了一位年輕人，他則退休開始了週遊世界的生活。

　　走進宜家博物館，人們都會看到一把很普通的椅子，它的外觀很普通，但是它卻創造了一個自助組裝傢俱的時代。

　　家，是每個人的城堡，也是一個讓每一位家庭成員感到快樂的場所。因此家居用品的選擇，就成為一件很重要的事情。宜家的家居用品就是要給人一種家的感受。在宜家，隨處都能看到貼在牆上的宜家經營座右銘：「我們將以低價提供大範圍的設計優美、功能齊全的家居用品，保證大多數人有能力購買。」

做一個行業領先的創業者，就是要敢於嘗試創新，不斷摸索，找出適合自己和企業發展的路。在當今的市場競爭環境中，爭做某一方面的領先者尤為重要。做到領先就意味著站在市場的制高點，贏得主動權，隨之而來的利潤就相當可觀。創業者要做到在瞬息萬變的市場環境中，不斷推出新產品、新服務等，這種創新意念主要來源於對產品服務的認識、開放式的思考、市場觸覺和多樣化的資料資訊。這是創業者必須具備並掌握的。

華德‧迪士尼：在不斷創新中誕生的迪士尼樂園

提到迪士尼，大家會立刻想到米老鼠、唐老鴨、白雪公主等這些聞名世界、備受人們喜愛的卡通角色。從拍攝動畫短片到第一部動畫電影《白雪公主》，華德‧迪士尼充分發揮他的想像力，為全人類打造了一個如夢如幻的童話王國。

作為一個靠想像力建造的企業，只有不斷地創新才能讓世界永遠喜歡他。每個時代的童話都是在變化的，每代人的幻想都是不同的。打造與時代相符的迪士尼樂園，靠的就是不斷發展進步的想像力、創造力。

一九一九年，不到二十歲的華德‧迪士尼在一個美術工作室找到了一份工作，在這裡，他遇到了一個安靜但極具天分的年輕人厄布‧埃維克斯。兩個年輕人成立了他們自己的一個小公司。就是在坎薩斯城的電影廣告公司，他第一次接觸了動畫電影。

華德‧迪士尼經常泡在坎薩斯城的圖書館，學習有關動畫的知識。在那兒他看到了一本論述有關動物和人類運動的書，是一個名叫愛德華‧麥布裡奇的英國藝術家在十九世紀寫的。

華德‧迪士尼用一架借來的攝影機在他家屋後的小房子裡開始拍攝自己的卡通片。他把它們叫做「小歡樂」系列，並把第一部片子賣給了坎薩斯城的紐曼戲院。

一九二二年三月二十三日，華德‧迪士尼正式組建了「小歡樂」電影公司，地點在麥康尼大樓的一個兩間房的套房內。那一年他二十歲。影片拍到一半，「小歡樂」公司破產倒閉了。一九二三年七月，他賣掉了電影攝影機，準備前往所有電影製作者都

嚮往的地方──好萊塢。

華德‧迪士尼開始敲每一個製片廠的門，但他們統統把他拒之門外。起先，他想避開動畫業，他認為與紐約的大電影製片廠競爭已經太遲了，但因為沒有人給他機會，他就又回到了動畫業。華德‧迪士尼隨後把他以前拍了一半的《愛麗斯夢遊仙境》的拷貝，給了一個名叫馬格利特‧溫克爾的卡通影片發行商。

華德‧迪士尼派人找回小明星弗吉尼婭‧大衛斯，繼續邀請她拍愛麗斯系列。他花了二百美元買了一個二手攝影機，還在金斯韋爾街上的一個小商店裡建了一個工作室。幾個月之後，華德‧迪士尼邀請厄布‧埃維克斯加入了進來。

華德和羅伊以分期付款的方式在海普瑞街買了一塊地，他們計畫建一個全新的電影製片廠，拍攝米老鼠系列動畫片。

華德‧迪士尼把他的想法告訴了厄布‧埃維克斯，後者把這個角色加以改進並設計了出來。他們在完全保密的情況下製作出了第一部米米老鼠的動畫片《飛機迷》。起初沒有人願意發行這部片子。華德‧迪士尼知道他必須加點新東西才行，答案就是聲音，那時的沉默片剛開始有聲音。他跟一個叫派特‧鮑爾斯的人簽了約，這個人不但發行他的影片，還為影院提供必要的音響設備。米老鼠讓華德‧迪士尼一舉成名。

隨著一九三二年的到來，在他的堅持下，世界上第一部彩色動畫片《花和樹》問世了，它為華德‧迪士尼贏得了一座奧斯卡獎，更重要的是，他已經逐漸培養起了自己的一支創作隊伍，更大的輝煌正在前面等著他。

米老鼠讓迪士尼一舉成名，然而他卻不因此而滿足，他有一個更大的夢想，那就是拍一部長篇動畫電影，當時的卡通片只有短短十幾分鐘，只是電影正式開演前的串場節目而已，沒有人相信觀眾會花錢看一部全是卡通的電影，幾乎所有的人都反對他，

但是華德‧迪士尼決定完成一項別人眼裡不可能的任務。他決定拍攝動畫電影《白雪公主》。

《白雪公主》的預算從五十萬美元一直飆升到一百五十萬美元，評論家們都不相信觀眾會願意看一部長篇動畫片。一九三七年十二月二十一日，《白雪公主和七個小矮人》在洛杉磯中國劇院舉行了首演。金錢像潮水一樣滾滾而來，羅伊只用了六個月時間就還清了電影廠所有的債務。而華德‧迪士尼則獲得了一項特殊的奧斯卡獎，一尊大金人像，外加七個小金人像。

長篇故事片是其後電影的潮流，但華德沒有再拍《白雪公主》的續集，他拍了另外三部不同風格的電影：《小木偶》《幻想曲》和《小鹿斑比》。

小時候華德沒有什麼玩具，現在華德彌補了這個遺憾，他迷上了火車模型。電影廠裡還有一些人也具有同樣的愛好，其中包括奧利‧約翰斯頓和沃德‧金博爾。根據記憶，華德‧迪士尼模仿童年馬賽林老家的那個迪士尼倉庫，在自己家裡建了一個大倉庫。那裡成了他的機械工廠，他在裡面擺弄各種火車模型。華德經常會在倉庫裡待到很晚。

一九五○年，「二次世界大戰」後華德‧迪士尼的第一部長篇動畫片《灰姑娘》大獲成功。隨後的《愛麗思夢遊仙境》和《小飛俠》也獲得了巨大的成功。

多年後，電影廠的作風變得越來越官僚，即興而發的好點子越來越少。針對這一情況，華德創建了華德‧伊萊亞斯‧迪士尼公司，簡稱 WED 公司。WED 公司後來成為一個設計中心，為迪士尼樂園早期的規劃以及如何吸引大眾關注出謀劃策。

一九五三年九月，羅伊終於認同迪士尼樂園是個可行的專案。他計畫飛往紐約把這個想法提交給投資商們。羅伊和 ABC 電視網達成了一項協定，ABC 向迪士尼樂園注入五十萬美元資

金，作為回報，迪士尼樂園給予 ABC 百分之三十五的利潤。一九五四年年初，ABC 總裁羅伯特・金特納與華德在電視上公開宣佈了合作的消息——聯手推出一檔名為「迪士尼樂園」的節目。「迪士尼樂園」成了 ABC 唯一一個連續三年收視率保持在前十五名的電視節目。

一九五四年，他率先播放完全彩色電視節目；一九五五年，迪士尼樂園誕生；一九七一年，迪士尼世界揭幕。華德・迪士尼真是一步步地改變了這個世界。

華德・迪士尼的創新在於他在「產品」上不斷求變。他不以創作卡通為限，希望可以朝著全方位的家庭娛樂組合發展，其中包括電視、主題公園以及都市規劃。華德・迪士尼不僅是個畫家，他還把藝術產業化，並以企業家的開拓精神從事自己的藝術創造。他有一句名言：嘗試去做那些不可能的事情是一種極大的樂趣。而他的一生就是一個不斷向「不可能」挑戰的過程。

淘金點評

什麼是有價值的創新？在這裡指根據客戶的需求來組裝、生產客戶化的產品，這種「客戶驅動的創新」才是有價值的。市場就好比一個巨大的魚缸，而目標客戶就是魚。我們怎麼才能知道這些魚需要的是一根水草還是一顆鵝卵石呢？那麼創業者要學著和魚兒一起游泳，實際深入顧客所處的環境，真正體驗客戶的需求。如此才能為創新找到基礎點，生產出能為企業帶來利益且大眾喜愛的產品。

Chapter 09

與時俱進，
安於現狀就是退步

牛根生：勤懇老牛創造的「蒙牛速度」

　　牛根生不惑之年創業，在短短幾年間，就超過伊利，成為大陸乳品企業的領跑者，究其原因，還是他胸懷大局、勤勉務實、與時俱進的做人做事之道。

　　「小勝憑智，大勝靠德。」這是牛根生沉浮商海二十幾年始終堅守的信念。厚德是牛根生做人、經營企業的法寶，厚德使牛根生絕處逢生。牛根生常說：「想贏兩三個回合，贏三年五年，有點智商就行；要想一輩子贏，沒有商德絕對不行。」「德」是牛根生征服人心的最佳利器。

　　一九五四年，一個出生尚未滿月的男孩兒就被作價五十元，賣給了養牛的牛家，牛家為這個孩子取名牛根生。也許是冥冥之中的天意，這個孩子從此與「牛」結下了不解之緣。

　　一九八三年，牛根生進入伊利的前身——呼和浩特市回民奶食品總廠。

　　一九九八年，牛根生已經是伊利集團的副總裁，也是當年伊利的第一功臣。

　　後來牛根生到北京大學進修。他利用這段時間重新審視了自己在伊利十六年的各種經驗和教訓，讓原本在企業中形成的應激反應模式轉換成理性的思維模式。士別三日，當刮目相看，牛根生原本就比一般人看得高、想得遠，經過在北大的沉澱與昇華，「蒙牛王朝」的宏偉藍圖在心底醞釀成熟。

　　一九九九年一月，蒙牛正式註冊成立，名字是「蒙牛乳業有限責任公司」，註冊資本金一百萬，都是牛根生和他妻子賣伊利

股票的錢。蒙牛一成立，許多在伊利工作的老部下一批批地投奔而來，總計有幾百人。牛根生曾經告誡他們不要棄「明」投「暗」，他自己也不能保證蒙牛一定會有一個光明的未來。但是老部下們義無反顧地加入了蒙牛的團隊。

在呼和浩特市一間五十三平方公尺的樓房內，牛根生從家裡搬來了沙發、桌子和床，蒙牛傳奇由此拉開序幕。牛根生明白自己的弱勢是「無市場、無工廠、無奶源」，也知道自己的優勢是「人才」。跟隨牛根生的這批人原先都是伊利液態奶、冰淇淋、策劃行銷的一把手，他們在生產、經營、銷售、市場、原料設備方面在行業內都是頂尖的人才，老牛決定採取「虛擬經營」的方式，用「人才」換「資源」。因為競爭對手從中作梗，開始「虛擬經營」的幾次談判被攪黃了，牛根生只好「明修棧道，暗渡陳倉」。

一九九九年二月，牛根生經過秘密談判和哈爾濱的一家乳品企業簽訂了合作協定，牛根生派八人全面接管了這家公司。通過他們的管理，給這家企業帶來很好效益的同時，蒙牛產品也由這家工廠「新鮮出爐」。一九九九年一月到四月，身處呼和浩特的牛根生一邊對遠在哈爾濱工廠的八人團隊遙控指揮，開始生產第一批蒙牛產品，同時搖身一變成了民工頭，在距離呼和浩特和林格爾縣較遠的地方，熱火朝天地建起了自己的工廠。

伊利統治了市場，蒙牛只能夾縫中求生存，要想擴大蒙牛的知名度，牛根生知道要依賴於常規的行銷手段，難以實現重大突圍，只能以奇招致勝。蒙牛提出了「創內蒙古乳業第二品牌」的創意。當時內蒙古乳品市場的第一品牌當然是伊利，蒙牛名不見經傳，連前五名也擠不進去。但是牛根生的過人之處就表現在此，蒙牛通過把標桿訂為伊利，使消費者通過伊利知道蒙牛，而且留下一個印象：蒙牛似乎也很大。

一九九九年四月一日，呼和浩特市的老百姓一覺醒來，呼和浩特市主要街道旁邊的三百塊看板全是蒙牛廣告：向伊利學習，為民族工業爭氣，爭創內蒙古乳業第二品牌！一石激起千層浪，三百塊看板同時入市，自然掀起了市場巨浪。「蒙牛」成了內蒙古老百姓熱衷談論的一個話題，人們記住了蒙牛，也記住了蒙牛是內蒙乳業的第二品牌。五月一日，就在老百姓討論「蒙牛」的餘熱未散之時，四十八塊「蒙牛」的看板一夜之間被砸得面目全非。牛根生當然明白這是伊利人幹的，聰明人善於把壞事變為好事，把危機轉化為機遇。牛根生利用看板被砸事件讓社會關注蒙牛，對蒙牛的熱情再度掀高，蒙牛開始變得「愈神秘，愈美麗」。看板可以被砸，但是把廣告印在產品包裝紙上，對手應該無可奈何了吧。於是蒙牛在冰淇淋的包裝上，打出「為民族工業爭氣，向伊利學習」的字樣；蒙牛表面上似乎為伊利免費做了廣告，實際上為自己做廣告，默默無聞的蒙牛正好借伊利大企業的「勢」，出了自己的「名」。

牛根生白手起家，在重重圍剿之中殺出一條血路。蒙牛乳業憑藉著牛根生的過人智慧，實現了高速的發展，從原先的「借勢」蛻變成了「強勢」。

二〇〇二年，蒙牛贏得了「中國馳名商標」和「中國名牌產品」稱號。打造「中國馳名商標」最短需要三年，而蒙牛恰恰只用了三年。這正是蒙牛追求高速成長，短時間內成為強勢品牌的目標。

二〇〇三年十月十六日，大陸「神舟」五號順利返回，六時四十六分，北京指揮控制中心宣佈：大陸首次載人航太飛行取得圓滿成功！幾小時之後，伴隨著「舉起你的右手，為中國喝采！」的口號，蒙牛「太空人專用牛奶」的廣告，便鋪天蓋地出現在北京、廣州、上海等大城市的路牌和建築上，大陸三十多個

城市的大街小巷蒙牛廣告隨處可見；蒙牛的電視廣告也出現在了幾十家電視臺的節目中，「發射──補給──對接篇」在央視和地方台各頻道同步亮相，氣勢奪人，展開了新一輪大規模的電視廣告攻勢；「太空人專用牛奶」的廣告，一時之間佔據了大陸大大小小的超市各個顯要位置！

二〇〇四年第一屆「超女」比賽時，對於蒙牛決定作冠名贊助商的選擇，廣告業和乳業的大腕們斥之為「離經叛道」。在人們的印象中，牛奶品牌總是與賢慧的主婦、健康的孩子、溫馨的家庭等等傳統元素聯繫在一起，而現在蒙牛卻選擇了與時尚、勇敢甚至「出位」的「超女」站在一起。

二〇〇五年之後，蒙牛的銷售額和市場佔有率超過伊利成為全大陸第一。經歷過無數挫敗與成功後，牛根生已經是寵辱不驚，淡定自若。從無到有的財富積累需要強大的事業心與高度的社會責任心作為支柱，牛根生打算在二〇〇八年，自己五十歲時，從董事長的職位退下來，而那時的蒙牛搭乘奧運會的列車，定能完美地把「中國牛」演繹出「世界牛」的風采！

牛根生帶領蒙牛一路向前衝，創造出著名的「蒙牛速度」，成為其他企業效仿的標竿。牛根生的個人特色已經融入蒙牛的發展歷程，仔細分析，他所做的實際是一種超越體制的改革，他告訴人們企業從小到大、從弱到強的發展過程中，管理者應有寬廣的胸懷，要堅定信心踏實做企業，更要居安思危，與時俱進。

牛根生演繹了蒙牛快速發展的奇蹟，也演繹了他的傳奇人生，他給人們啟迪和思索：小勝憑智，大勝靠德。

在一個成功創業者的眼裡，市場是變化的，客戶是變化的，對手是變化的，自身也是變化的。不創造新產品，不開發造新管道，不培育新客戶，市場就會立刻被別人佔領。當今的社會是創業智慧需要經常升級的年代，今天在市場大潮中跟著走就可以發展，明天可能就要轉著走才能找到出路；今天著眼滿足市場需求就可以了，明天可能要創造需求才能前進；今天佔領了本國市場，明天要進入世界市場——這就是市場，永遠沒有邊界。所以辦企業就要不斷創新，永不停歇，才能跟上市場大潮，走在前面。

任正非：居安思危才能與時俱進

　　任正非曾經說：「進了華為就是進了墳墓。」以這種居安思危的精神提供的低成本快速服務，或許就是華為快速成長、在國際市場迅速推進的最大秘密。

　　一個歷經人生冷暖的靈魂，從最低的山谷，走到了人生的正午，避開喧鬧，獲得一種靜觀。看事、看人、看物都有了別樣的視野。任正非常常根據企業、市場、大環境的發展，不時拋出凝聚著深刻洞見和教益的美文，說公司、談戰略、話做人。他對中國人素質教育的建言、對「冬天」的憂患，以及對英雄主義的曠野呼喊，既能與一線員工保持共鳴，又能為廣大公眾所接受，有些思想甚至直接被領導人所熟悉和欣賞。

　　一九四四年出生的任正非，從小就經歷了戰爭與貧困的折磨。任氏兄妹七個，加上父母共九人，生活全靠父母微薄的工資維持。當時家裡每餐實行嚴格分飯制，以保證人人都能活下去。任正非上高中時，常常餓得心慌，也只能用米糠充饑。他家當時是兩、三人合用一床被蓋，破舊被單下面鋪的是稻草。他高中三年的理想只是吃一個白麵饅頭！可以想像，任正非青少年時代是在怎樣的貧困中渡過的。生活的艱辛以及心靈承受的磨難，成就了少年任正非隱忍與堅定的性格，同時也時時刻刻給他以危機感。他感慨：「我能真正理解活下去這句話的實質！」

　　一九六七年在重慶上大學時，因掛念挨批鬥的父親，任正非扒火車回家。因為沒有票，挨過車站人員的打。步行十幾里，半夜到家，父母來不及心疼長子，怕被人知道，受牽連，影響兒子

前途，催促著他第二天一早就返校。分別時父親脫下唯一的翻毛皮鞋給他，特別囑咐：「記住，知識就是力量，別人不學，你要學，不要隨大流。『學而優則仕』是幾千年的真理。以後有能力要幫助弟妹。」任正非知道那臨別囑咐的分量，啃書本、鑽研技術，成了他唯一要做的事情。功夫不負有心人，二十世紀七〇年代任正非成了部隊的技術尖兵。

退伍轉業到深圳南油集團後，任正非在家庭和事業中都出現了不適應。他的夫人先他轉業到南油高管層，他則在南油下屬的虧損企業中，運營連連失利。偏偏他又是個孝子，還要把父母與弟妹接到一起居住。支柱傾斜，那個家解體了。

為了活下去，任正非自己創辦公司。在起初的兩年時間，公司主要是代銷香港的一種 HAX 交換機，靠打價格差獲利。代銷是一種既無風險又能獲利的方式，經過兩年的艱苦創業，公司財務有了好轉。少許好轉的財務並沒有用來改善生活，而是繼續被投入經營。當時任正非與父母等住在深圳一間十幾平方公尺的小屋裡，在陽臺上做飯。父母通常在市場收攤時去撿菜葉，或買死魚、死蝦來維持生活。

窮困是有大作為的人的第一桶金，饑餓感與危機意識就是一個人不竭的動力源。「憂勞興國，逸豫亡身。」任正非感謝生活給自己的饋贈，他認為華為最基本的使命就是活下去，而在高技術領域活下去，就需要超凡的毅力與居安思危的意識。

視野即價值，危機即契機。超乎常人的視野與居安思危的精神，鑄造了華為超乎尋常的武器。動態競爭學創始人陳明哲在二〇〇七首席執行官年會上說，「凡是戰略都是專注，凡是執行都是堅持。」任正非對此心有靈犀，專注是華為的一種強大力量。華為規定：「為了使華為成為世界一流的設備供應商，我們將永不進入資訊服務業。通過無依賴的市場壓力傳遞，使內部機制永

遠處於啟動狀態。」正是這種專注，給予了華為奮發向前的動力，正是這種危機感，使華為不斷走在市場的最前沿。

　　華為固守通訊設備供應這個戰略產業，除了一種維持公司運營高壓強的需要，還為結成更多戰略同盟打下了基礎。商業競爭有時很奇怪，為了排除潛在的競爭者，花多大血本都不在乎。在通訊運營這個壟斷性行業，你可以在一個區域獲得一小部分的收益，可是在更多區域運營商們會關閉你切入的通道。任正非深知人性的弱點，守護著華為長遠的戰略利益。

　　許多公司垮下去，不是因為機會少，而是因為機會太多、選擇太多。太多偽裝成機會的陷阱，使許多公司步入誤區而不能自拔。機會，就是炙手可熱的戰略資源。但是並不是所有的戰略資源都可以開發成戰略產業。有些戰略資源能夠形成戰略產業，有些戰略資源則只能為資本運作和戰略結盟提供題材和想像空間，卻不適於作為一種戰略產業來經營。只有那些特別冷靜和具有危機意識的戰略制訂者，才不會被衝動和狂熱牽著走，才會避開那些偽裝成機會的陷阱。大陸企業的戰略資源本來就不多，戰略失誤將流失最寶貴的戰略資源。

　　任正非有自知之明。他善於區分偽裝成機會的陷阱和裝扮成陷阱的機會。任正非不修邊幅，一身老土的革命同志打扮。這些已足夠讓人驚奇，更令人驚訝的是，華為的管理模式仍沿用革命化的團結大動員、唱軍歌式的集體行動那一套，這看起來與華為所要打造的新銳的網路技術、透明而現代化的高科技企業目標，是如此的格格不入，但卻又能和諧地融合在一起。其實這種經營管理模式，就是在培養和強化員工與企業的危機意識，讓每個員工保持著艱苦創業的優良傳統，居安思危。

　　但也有人指出，華為的快速成長與大陸特定的歷史時期有關，它恰好趕上了大陸經濟大發展的高潮，通訊基礎設施的大量

更新，為華為帶來了巨大訂單。最初，華為是從偏遠農村等低端市場做起的，在跨國企業的夾縫中尋求生存的機會，甚至採取了許多特殊的手段。其實這只說對了一方面，決定華為成績更多的是源於任正非早年的磨礪所帶給他的危機意識、更多的是華為不斷奮進居安思危的精神。

「華為的冬天來臨了嗎？」任正非喜歡用這樣一句話提醒華為。可以說，正因為他始終抱有強烈的危機意識，成就了任正非的一生。也正是這種危機意識，使華為永遠在競爭中佔據主導優勢，立於不敗之地。

任正非像一根鞭子一樣催促著華為人不斷前進，像狼一樣爭奪國內、國際市場，不斷在公司內施加壓力，不給員工懈怠的機會，迫使沉浸於勝利中的華為人繃緊神經，繼續奮戰。任正非堅持「不要盲目自豪，盲目樂觀。要居安思危，不要危言聳聽」的理論，帶領華為人攀登了一個又一個高峰。

繁榮的背後都充滿著危機。這個危機不是繁榮本身的必然特性，而是處於繁榮包圍之中人的意識。艱苦奮鬥必然帶來繁榮，繁榮以後不再艱苦奮鬥，必然丟失繁榮。在創業的道路上不可能一直風調雨順，暴風驟雨是一定會來的。而強烈的危機意識，能激勵企業員工奮發圖強，防微杜漸，防患未然，避免危機的發生。即使發生危機，也能力挽狂瀾，轉危為安，保持企業方向，走可持續發展的道路。

南存輝：自我革命延續民營企業生命力

　　在浙江可以說很少有人不佩服南存輝的創業精神、創業思維、創業成就和他的勤奮好學、謙虛為人。那麼他是怎樣如此健康成長並有如此成就的呢？南存輝深有感觸地坦言說：「有人認為我是一個從修鞋匠成長為按人們說的『中國低壓電器大王』的傳奇人，還有一個傳奇的故事，可我這個修鞋匠沒有什麼傳奇，要說傳奇，那是伴隨著改革開放一步一步走過來的，不是我成就了這個傳奇，而是改革開放成就了這個傳奇。」

　　從六、七歲開始，南存輝就挑著米糠，提著雞蛋上街叫賣。十三歲那年的一個晚上，父親把他叫到身邊，很沉重地告訴正在念初中的他：「不要再讀書了，家裡需要你。」

　　父親在一次勞動中腳被砸成粉碎性骨折，一躺就是兩年。作為長子，南存輝早早挑起了生活的重擔。

　　父親是街坊上手藝精湛的老鞋匠，南存輝的第一份工作自然就是子承父業，做了一名修鞋匠。他每天挑著工具箱早出晚歸，在溫州柳市鎮走街串巷，擺攤替別人修鞋。

　　艱苦的生活經歷，使南存輝養成了節儉的習慣。近年來，多次登上富比士中國富豪榜的他生活照樣儉樸，還讓在美國留學的兒子自己勤工儉學掙生活費。兒子假期回溫州，南存輝也要求他隱姓埋名，換上工作服到正泰公司的工廠打工，和工人同吃同工作。

　　南存輝在事業上很專一，從事低壓電器幾十年，已經做到了亞洲第一，但他還是跟記者說：「我還沒有做到最好，只有把這

塊市場做到最好了，我才會考慮做其他的。」踏實是他給人的第一感覺，這跟他的修鞋經歷分不開。

有一次，在一個寒冷的冬天，補鞋的錐子不小心深深地紮進了南存輝的手指，他咬牙拔出錐子，包上傷口，忍著劇痛，堅持為客人補好鞋子。儘管年輕，在附近的同行裡，南存輝的生意一直最好。原因就在於他不但動作熟練，而且總是修得更用心一些，品質更可靠一些。

看著孩子小小年紀過著這麼辛苦的生活，怕他受不了的父親，經常用樸素的道理告誡南存輝：百腳的蜈蚣也只能一步一步地走，做人做事也一樣要踏踏實實。

正因為南存輝修的鞋質優價廉，生意很快就紅火起來。後來許多人寧願捨近求遠來找他修鞋，這使他明白，品質就是生命線。這也為他後來極其重視產品品質的思想，打下了堅實的基礎。

在修鞋時南存輝發現了一個改變他一生命運的機會。當時由於大陸實行計劃經濟體制，工廠賣出的都是整機，機器的一個零件壞了往往很難買到。具有商業頭腦的柳市手工業者抓住市場需求，把壞機器拆掉賣零件，不少先行者開始製造機器零件，慢慢地柳市出現了裝配作坊。十六歲的南存輝也借錢與朋友在一個破屋子裡建起了一個作坊式的裝配廠。雖然他們一個月只賺到三十五元，但南存輝卻興奮異常，他覺得自己終於找到了一條通往財富的路。

一九八四年，南存輝發現，低壓電器行業光靠個人力量不行，光靠一個小打小鬧的門面更不行。這個時候他與他的同學胡成中一起投資了三十五萬元，辦起了「求精開關廠」。這個求精開關廠就是正泰電器的前身。

二十世紀八〇年代初的溫州，低壓電器假冒偽劣成風。父親一句話「即使蜈蚣有百隻腳，每次也只能走好一步路，做事要踏

踏實實」，深深地影響著南存輝。為了把品質提昇上去，他到上海去請工程師。南存輝來到上海，睡地鋪，吃速食麵，用真情打動了幾位上海工程師前來加盟。

一九八九年，南存輝領取了由機電部頒發的低壓電器生產許可證，在柳市他們是第一家。後來南存輝與胡成中在經營決策問題上出現爭議，所以之後南存輝與幾個親戚成立了個家族企業，一九九一年又與美商合資，「正泰」這一名稱由此問世。

二十世紀九〇年代初，大陸出現一股投資熱，柳市的一些電器企業也到海南、北海投資房地產，想一夜「暴富」。南存輝不為潮流所動，始終堅持走專業化發展的道路，把有限的資金集中使用。他們七年沒有分紅，全部投入企業建設和再生產，一步一步地把基礎打堅實。幾年過去了，那些熱衷於房地產的同行無精打采地回來了，當他們重操舊業的時候，南存輝的企業已經跨越了一大步。

南存輝在低壓電器領域心無雜念，一門心思卯足勁向前衝，他說，其實在經濟領域誘惑是很多的，有非常多的行業讓你選擇，尤其是在你比較成功的時候。一般的人都會導致決策的隨意性。這就好比燒開水，你把這壺水燒到九十九度只差一度就開了，突然心血來潮地擱下不燒了，而跑到那邊重新開爐，結果那壺水是從零度開始，要燒開「路漫漫其修遠兮」。

南存輝的下屬形容他是戴著望遠鏡看世界的人。在新世紀，他已把目標鎖定在西門子、飛利浦等世界級企業上，他要打造大陸低壓電器的國際品牌。

「打虎親兄弟，上陣父子兵」，民營企業最初就是從家庭作坊逐漸發展起來的。然而隨著規模的不斷擴大，家族企業的發展遇到了「瓶頸」問題，「火不過三年，富不過三代」的事例也屢見不鮮。南存輝卻是一個「魔術大師」，經過三次股權裂變，實

現了做大做強的目標。

　　南存輝心裡明白，隨著公司的高速發展，一大批技術專家、優秀管理人員、經營菁英等是企業迫切需求的，而以股權「吸引」是最佳的方法。當然南存輝讓資本進入股東的另一個重要目的是要提升股東的整體水準，使資本的力量制衡資本，使南氏家族的權力受到制約，從而徹底擺脫家族企業的影子。

　　對南氏家族股權瓦解只是南存輝家族革命的基礎。接下來是治理結構創新，是產權制度改革，是企業股份制改造，正是南存輝一系列的企業變革，正泰管理逐步實現了「由人治到法治」，技術實現了「由跟隨型到領先型」，市場實現了「由專業市場到行銷網路」，員工思想也實現了「由打工掙錢到實現產業報國」的高度。

　　由此，一個現代「企業家族」橫空出世；因此，從一萬到八十一億的資本遞增就不足為奇；由此，存心瓦解南氏家族的南存輝，也被企業界、經濟界、新聞界譽為最富遠見和胸懷的企業家。

　　回首來時路，南存輝深情地說，企業發展就像是一條拋物線，為了讓正泰走得更高、走得更遠，我們必須在一條拋物線到達頂點時，換一條拋物線，走到另一條拋物線上，這樣才會形成階梯發展。

　　南存輝的「拋物線論」概括了企業發展的模式，更是深入淺出地說出了企業資本運作的高深經營戰略。

　　此外，南存輝與美商合資創辦的中外合資企業，實行董事會領導下的總經理負責制，把自己的家產交出去與別人一起經營管理的做法，遭到了一些非議。可是後來南存輝說：「家庭企業要發展，首先要打破家庭經營。只有走現代企業制度之路，才是家庭企業的出路。」

　　南存輝決定在掌控股權的同時優化股份結構。正在此時，有人找上門來，要求加盟，南存輝選擇了三十八家企業。這些企業的加盟，使正泰迅速實現了擴張，結構發生了變化。到一九九四年二月正泰集團公司成立時，總資產已達五千萬元，南存輝的個人資產翻了二十倍。到二〇〇〇年，正泰資產已達十一億元，綜合實力在民營企業五百強裡排名第七位。

　　同時南存輝把集團所屬的五十多個企業重新組建為兩個股份有限公司和三個有限責任公司，取消成員企業的法人資格，企業老闆變成了小股東。他還把核心層的股份讓出來，讓優秀的科技人員、管理人員、行銷人員持股，使公司的股東由最初的十個人變成了一百零七人。他把一個傳統的、典型的「家族企業」變成了龐大的「企業家族」。到一九九八年，正泰集團的總資產達八億元，而南存輝的個人資產已超過二億元。

　　對南氏家族股權的瓦解，只是南存輝對家族革命的前奏。接下來是產權制度改革——企業所有權與經營權的分離。不管你是大股東，還是小股東，如果按制度考核下來能力不行，就要「下課」；反之，不管是否是股東，只要有能力就掌權。在產權制度的革命後，集團又進行了股份化改造，建立健全了「董事會、股東會、監事會」，形成了三會制衡、三權並立機制，初步形成了以公司總部為投資中心，以專業總公司為利潤中心，以基層生產公司為成本中心的「母子公司管理體系」，即三維矩陣管理模式——現代企業就此誕生，南存輝也通過不斷「革自己的命」，而成為「溫州最具現代企業家氣質的老闆」。

　　地處雁蕩之南、甌江之北，僅有五十平方公里的工業重鎮柳市，之所以能引起世人的矚目，是因為在這片神奇的土地上，短短二十年，就搭建起了座「東方電器王國」。而「電器王國」之所以璀璨，是因為這裡飄揚著一面大陸民族工業的旗幟——中國

正泰。十九年來，正泰在「船長」南存輝的「領航」下，直掛雲帆，乘風破浪，從溫州駛向世界，從名不經傳的「小舢板」，發展到如今的工業電器「航母」。

靠家族文化維繫的企業，由於其本身的侷限性，在企業成長到一定規模後再進行擴張，就遇到了巨大的阻力，家族成員之間的各種矛盾以及經營者與員工的矛盾，往往使企業產生危機。最為可怕的是企業一旦出現問題，企業主不一定能夠秉公處理。可見，衝破家族企業文化所帶來的種種弊端，是家族企業進一步發展壯大的必由之路。

　　許多企業發展到一定階段之後，要嘛停滯不前，要嘛轟然崩塌，我們不能等問題出現了才想著去解決。任何一個企業都不能長時間保持某種固有的模式不變，這種模式在創業初期或許是有利的、高效的，但隨著市場變化和企業發展，老的經營模式必然會被淘汰。只有遵循科學發展觀，大膽對企業進行改革，企業才能重新煥發生機，大步前進。

徐冠巨：放遠眼光，傳化科技發展之路

　　在浙江乃至大陸企業界，傳化是一個響噹噹的企業，但很少有人知道，它的掌門人徐冠巨曾經是一個被醫生判「死刑」的人。而如今他已是一位有著浙江省政協副主席頭銜的民營企業家。

　　二十多年前，正是這位為還債走上經商之路的企業家和父親徐傳化一起，靠著一口水缸艱苦創業，到現在富甲一方。儘管如此，徐冠巨一家老小仍然在曾經創業的地方過著簡樸的生活……

　　一九六一年七月，徐冠巨出生於浙江省蕭山市寧圍鎮。與大陸千千萬萬的普通農家一樣，祖祖輩輩與土地打交道的徐冠巨一家，過著「日出而作，日落而息」的農家日子。雖談不上富裕，但勤儉持家，一家人倒也不愁吃穿。

　　高中畢業後，徐冠巨在鎮辦企業裡找了一份工作。由於當時的中國在改革開放後，經濟建設等各方面已初見成效，處於沿海開放視窗的浙江自然不落於他人，勤勞的徐家日子自然一天一天地好過起來。

　　然而人有旦夕禍福。一九八五年冬季的某一天，原本年輕健壯，正在萬向公司財務部當會計的徐冠巨突然感到虛弱無力。

　　一九八六年春，徐傳化懷揣著兒子徐冠巨確診的病歷，邁著沉重的步子，艱難地走出醫院的大門，他不知道該如何向兒子道出實情。徐冠巨得的是一種治癒希望渺茫的「溶血性貧血」的重病。當時的徐冠巨只有二十五歲，風華正茂的年紀，什麼都還沒有開始，沒有結婚，沒有事業……徐傳化不敢想下去，更不敢告

訴兒子徐冠巨。

徐傳化也心存不甘，他也不相信這是事實。哪怕只有一線希望，他都要把兒子保住，哪怕傾家蕩產！接下來的幾十個日日夜夜中，徐傳化帶著徐冠巨穿行在大大小小的醫院裡，苦苦尋覓那一絲的希望，希望奇蹟出現。

當時的徐傳化，家境並不殷實。在短短的兩個多月時間內，他傾盡了所有的積蓄，值錢的東西能變賣的都變賣了，最後還欠下二萬六千多元債務，兒子的病情也沒有得到好轉。這對於一九八六年的中國農民來說，二萬六千元的債務，無疑已是一個足以壓彎脊樑的天文數字。

而就在這一年，屋破又遭連陰雨，船漏偏遇打頭風。在當地一家小磷肥廠當銷售員的徐傳化，也因企業效益不好失了業。

看到兒子的病情毫無轉機，徐傳化徹底絕望了，在所有辦法都想過、嘗試過之後，他把徐冠巨叫到跟前，不得不沉痛地告訴他實情。

事實上，在此前四處顛簸的兩個多月時間裡，徐冠巨已隱隱約約瞭解到自己病情的嚴重性，所以在父親告訴他真相的時候，他反而鎮定下來寬慰起父親來：「爸，沒事的，反正是被醫生『判刑』了，活著一天，就得和您一起掙錢，趕緊把欠債還上……」

對負債二萬六千元，兒子重病纏身，自己又失業的徐傳化來說，掙錢治病、還債談何容易！可徐傳化抱著背水一戰的心態，決定做生意。

既要投入小，又要能夠很快賺到錢的生意，做什麼好呢？

就在徐傳化父子整夜失眠和日漸消瘦的日子裡，有一次在與朋友閒聊中，朋友不經意間提到市場上液體肥皂非常緊俏，能生產和銷售液體肥皂，利潤應該非常豐厚。

　　說者無心，聽者有意。朋友的一句話讓徐傳化猶如在黑暗中見到一絲亮光，也使兒子徐冠巨的生命和希望被重新點燃。

　　回到家後，徐傳化就跟徐冠巨商量，並決定以家為廠，就在家裡生產液體肥皂。以家為廠，不僅可以省去租廠房、租辦公場地的一大筆費用，而且既可以照顧到家也可以做生意，一舉兩得。

　　那時生產液體肥皂沒有反應鍋，他們就用水缸來替代；沒有鍋爐，他們就用鐵鍋加柴燒來替代；沒有攪拌機，他們就用人工來替代。徐傳化父子倆又想盡辦法，借了二千元用來購買生產液體肥皂的原料。

　　一九八六年十月，一口大缸、一口鐵鍋和幾隻水桶，一個生產液體肥皂的小小家庭作坊，傳化集團的前身就這樣誕生了。

　　雖然液體肥皂的生產過程並不複雜，但為了保證品質，他們還是聘請了「星期天工程師」，每週對他們的生產進行一次指導。當第一桶液體肥皂問世時，徐冠巨興奮得像個孩子，手舞足蹈，完全忘記了自己是一個重病纏身的人。

　　成品出來後，全家人分頭拿到集市上出售，向商業部門推銷。當時徐冠巨的病還沒好，但從一開始看病需要父親騎自行車帶，到後來用上拖拉機，後來改成三輪車，車上除了裝著一桶桶的液體肥皂外，還有坐在桶上的徐冠巨。到城裡後，父親徐傳化把需要看病的徐冠巨安排在醫院，而自己推著車去賣液體肥皂。

　　這樣的日子艱辛而又充滿了希望，特別是每次賣完液體肥皂後在回家的路上，父子倆都要數一數所得的收入。讓他們高興的是扣去每天的醫藥費，還小有剩餘。這讓艱辛的徐傳化感到安慰。

　　憑著吃苦耐勞的精神和徐傳化當年在磷肥廠當推銷員的經驗，再加上當時大陸對液體肥皂的需求呈現供不應求的有利優

勢，徐傳化父子生產的液體肥皂很快打開了市場。更讓他們沒想到的是，一年後他們不僅還清了全部欠債，而且銷售額達到了三十三萬餘元，盈利三萬元。

三十三萬元，這在當時無疑又是一個極具爆炸性的天文數字，但這是徐傳化一家實實在在挖到的第一桶金。

憑著一輛自行車就推出這麼好的市場，徐傳化父子想繼續擴大生產規模，但卻受制於「星期天工程師」所掌握的液體肥皂製作最關鍵的東西——技術。

低調、務實、穩健、質樸是徐冠巨給人的第一印象，然而你千萬別把他看做是個保守、循規蹈矩、缺乏熱情的人。

正如傳化集團董事長辦公室的外面，掛著的一幅出自名家之手，又能體現徐冠巨和傳化集團風骨的字——「人格品德智慧意志」一樣，徐冠巨同樣具備其他商人該有的野心和冒險精神。

為了掌握液體肥皂製作的關鍵技術，當「星期天工程師」在做液體肥皂時，徐冠巨就悄悄地在一邊學，半個月後，徐冠巨把「星期天工程師」的操作工序一一默記於心。

夜深人靜時，他獨自挑燈夜戰，幾天工夫，自己生產的液體肥皂試驗出來了，洗滌效果也不錯，可看上去總是清湯寡水，一點也不黏稠。

可是「星期天工程師」在生產過程中每次添加的一勺不知是什麼東西，液體肥皂就變得黏稠了。

面對巨大市場的誘惑和自己多次探索失敗的經歷，無奈之下的徐氏父子，只得向「星期天工程師」求教。可人家提出了條件：「給我二千元，我就告訴你。」二千元？這正是徐家當初開工廠的本錢。儘管這麼貴，可還是得給呀!

萬萬沒有想到的是二千元買來的關鍵技術，卻是一勺鹽，一勺普普通通的食鹽。也就是說，添加一勺食鹽可以讓液體肥皂變

稠。

　　從「一勺鹽」中悟出許多道理的徐冠巨，就這樣一門心思潛心研究如何製造去油劑。他不停地學習研究，夜以繼日地翻閱資料，猶如一頭不知疲倦的拓荒牛默默耕耘。

　　那是在二十世紀八〇年代末，大陸紡織印染企業蓬勃興起，而布匹油漬的清洗卻是一個很大的難題。進口的去油助劑價格昂貴，大陸又無合適的替代產品，這就給徐冠巨提供了一個難得的機會。

　　一九九〇年四月，憑藉高中學到的化學基礎，徐冠巨經過上千次的實驗，傾心研製的特效去油靈終於成功了，奇蹟般攻克了難題。為此，他特地將自己的得意之作、一九九二年獲得北京國際博覽會金獎，和如今已成為傳化集團進軍紡織助劑及精細化工領域先鋒的去油劑命名為「901 特效去油靈」。

　　「901 特效去油靈」研製成功的第二天，徐冠巨按這個配方生產了一百公斤成品，拿到一家印染廠去試大樣，可不管徐冠巨怎麼介紹，只差沒把嘴皮子說破，印染廠負責人就是不讓他試。

　　後來，看徐冠巨那麼誠懇，該負責人最終答應讓他試一試。但前提是只能試一缸，效果好，帶來的東西讓印染廠白用；效果不好，染壞了布，徐冠巨還得承擔印染廠的全部損失。

　　徐冠巨一咬牙，答應了。當晚，工人們按他的要求配液、浸布、上缸……第二天，當徐冠巨懷著忐忑不安的心情找到印染廠負責人時，負責人滿臉堆笑地說：「你的產品太好了，明天給我送幾噸來。」

　　由於產品品質好，「901 特效去油靈」一面市，便受到大陸紡織印染企業的歡迎。在一九九一年產品鑑定會上，一位科技界權威曾發出這樣的感慨：這樣一種集經濟價值和社會價值於一身的產品，竟出自一個普普通通的高中畢業生之手，不得不讓人驚

託。

傳化的經濟效益取得了長足進展，一九八九年徐氏父子向鎮政府租用了三畝地，蓋起了廠房，首次有了工業生產的雛形。一九九〇年工廠改名為「杭州傳化化學製品有限公司」。徐冠巨從父親手裡接過了經營大權。

傳化在隨後的發展中，不僅在自己的領域擴大規模，還大膽涉足其他新行業。二〇〇〇年，傳化進入農業；二〇〇二年，進入物流；二〇〇三年開始投資房地產……傳化正向建造國際化的大企業邁進。

如果安於現狀，徐冠巨或許已成為一個廢人。就是靠著心中不甘的信念，徐冠巨改變了企業的命運，更重要的是改變了自己的命運。正是這種不甘於現狀的精神，自始至終指導著徐冠巨的人生事業。徐冠巨說：企業要發展，一方面要引進專家在技術上進行指導；另一方面，自己也要掌握相關的專業知識和核心技術。在戰略上，企業更要做到「走一步，看兩步，想三步」。

創業者僅僅有「白天當老闆，晚上睡地板」的吃苦耐勞的精神是不夠的，在資源要素制約日趨明顯、技術上的「短腿」日益凸顯、外部競爭逐漸加劇的形勢下，還要敢闖敢拼，提高企業的科技實力，提升自身素質。在企業的經營、管理、產品開發上立足差異化策略，只有這樣，企業才能永保青春。只有把眼光放遠，走一步看三步，這樣的企業才有發展後勁，才能不斷進步。

柳傳志：變革中推動聯想品牌化戰略

　　就像在矽谷車棚中完成創業的大衛・帕卡德、比爾・休利特和史蒂夫・賈伯斯一樣，一九八四年，柳傳志和十一位同事在傳達室這樣一個完全與傳奇無關的地方締造了一個「傳奇」。與時俱進，開拓創新，聯想就是伴隨著改革開放的步伐不斷成長，最終成為改革開放的中流砥柱，創造了讓世人矚目的「中國製造」。

　　柳傳志走上創業之路，是因為「憋得不行」，「我們這個年齡的人，大學畢業正趕上『文化大革命』，有精力不知道幹什麼好，想做什麼，都做不了，心裡非常憤懣」。

　　「突然來了個機會，特別想做事。科學院有些公司的總經理回首過去，總喜歡講他們從前在科研上都多有成就，是領導硬讓他們改行，我可不是，我是自己非改行不可。」柳傳志開始改行的時候已經四十歲了。

　　創業之前，柳傳志在科學院計算所外部設備研究室做了十三年磁記錄電路的研究。柳傳志說：「雖然也連續得過好幾個獎，但做完以後，卻什麼用都沒有，一點價值都沒有。只是到最後，一九八〇年我們做了一個雙密度磁帶記錄器，送到陝西省一個飛機試飛研究所，用了起來。我們心裡特別高興。但就在這時候我們開始接觸國外的東西，發現自己所做的東西，和國外差得太遠，這使我堅決地想跳出來。」

　　一九八四年，科學院辦科技展覽，趙紫陽沒有到會，科學院對此議論紛紛。柳傳志也琢磨為什麼趙紫陽不來看？「我覺得不

來的道理是趙紫陽更重視應用研究，更重視技術轉變為現實的生產力，但應用研究怎麼能夠推廣變成產品，我當時也想不好該怎麼走？但研究所的路，肯定行不通。」

當時，中關村街上辦起了一片公司，中科院計算所也有人出去辦公司，或者給人打工，驗收機器，驗一天收入三、四十元，當時計算所一個月的獎金也就三十多元，這對計算所正常的科研衝擊很大。面對於此，計算所所長曾茂朝想：能不能計算所自己辦個公司，積累點錢，上繳給所裡，解決所裡急需的實際困難。柳傳志以往表現出來的組織能力，使曾茂朝覺得他是最佳人選。

至於想沒想過失敗，柳傳志說，「當時的情況已經是最糟了，還能怎麼糟？我真的去做一個一般的幹部，我相信我也能做得好。我會分析，要升遷，到底是做事重要，還是做關係重要？」

一九八四年，「兩通兩海」已經挺立在中關村，當時典型做生意的辦法有三種：一是靠批文；二是拿平價外匯；三是走私。拿到批文後，一台 XT 機器能賣四萬多元。

「而我們不想這樣做。一九八七、八八年的時候，公司高層就此發生過一次討論。我們的辦公室主任一心想要我們公司辦成像科海那樣──總公司下面一大堆小公司，每個公司都獨立做進出口，雖然每個公司都在做重複的事情，但是每個公司都賺錢。我原本並沒有強調『大船結構』，當時提出『大船結構』是為了反對『小船大家漂』。」

柳傳志對立意高低有一個比喻：「北戴河火車站賣餡餅的老太太，分析吃客都是一次客，因此她把餡餅做得外面挺油，裡面沒什麼餡，坑一把是一把，這就是她的立意。而盛錫福鞋帽店做的是回頭客，所以他的鞋怎麼做也要合適。」

柳傳志認為，同樣是賣餡餅，也可以有立意很高的賣法，比

如通過賣餡餅，開連鎖店。

柳傳志強調立意，是因為他明白，只有立意高，才能牢牢記住自己所追求的目標不鬆懈，才能激勵自己不斷前進；其次，立意高了，自然會明白最終目的是什麼，不會急功近利，不在乎個人眼前得失。

中國公司的變革如果按主題來劃分的話，可以從一九九八年一分為二，此前的主題是經營機制的轉變，此後則是產權的重組與明晰化。然而有區別的是，前者的政策設計是非常清晰的，而後者的改革則始終混沌不清，既充滿了可鑽的政策漏洞，也佈滿了政策陷阱與風險。

在這場企業產權改革的浪潮中，為數不少的「優秀企業家」，如科龍的潘寧、健力寶的李經緯和伊利的鄭俊懷等都栽了跟頭，前者黯然遠走加拿大，後兩個則鋃鐺入獄，而海爾、長虹、海信等企業的改制方案都先後被叫停，中途夭折。

但聯想在這個問題的解決上，因柳傳志老到的辦事風格，得到了比較圓滿的結果。

經歷了艱苦多磨的創業階段後，聯想集團從一個十一人的公司發展成為擁有員工七千餘人，年銷售收入突破一百七十億元、多元化發展的大型企業，並於一九九四年在香港聯合交易所掛牌上市，成為國內外具有影響力的高科技集團。到達了一定高度的聯想，也開始品嘗到了高處生寒的發展瓶頸，企業的發展開始受到現有平臺和遊戲規則的限制。

一九八六年六月，和聯想同處於中關村的四通集團在公司內部發行股票，這是四通集團「所有制改革的一次重大嘗試」。但直到一九八八年，四通集團才真正開始股份制改革探索，打算讓職工持股。但由於受時代政策的限制，也未能如願。一九九二年年初鄧小平南方談話後，四通集團被選定為第一家股改試點單

位，進行了股份制改革。一九九三年，四通集團在香港正式上市，據董事長段永基透露，當時公司員工可獲得百分之十的股權。

面對四通的股份改制，懷著對企業前途的強烈使命感和對所有員工的責任感，柳傳志也希望聯想進行股權改制，並開始了聯想股權改革的勇敢探索。

一九九三年，柳傳志等人正式對中科院提出改制請求，雖然這個改制籌畫從一九九〇年末就開始了。由於從一開始就意識到這件事情需要有很大的忍耐，要看得很透徹，所以柳傳志當時所要求的並非一步到位的股權，而是分紅權，且只要百分之三十五。

聯想的大股東——中國科學院，對聯想的改革一直積極支持。在聽取了柳傳志等人的改革設想後，一九九四年，中科院領導從資產中拿出百分之三十五給聯想集團，作為分紅權進行試點。這是柳傳志產權改革取得的第一個階段性成功。

既然拿到了百分之三十五的「分紅權」，就要好好利用，柳傳志就把這張「空餅」分給了員工，以此達到激勵的目的。具體比例為一九八四年創業初期的骨幹員工獲得其中的百分之三十五；一九八六年以前進入公司的核心員工獲得百分之二十五；一九八六年以後加入公司的骨幹員工將獲得其餘的百分之四十。

分紅的具體方案雖被制定出來，但是柳傳志並沒有立即把分紅發放到每個人手中。現在看來，柳傳志當時的做法確實很明智。因為當時大家分的是一張「空餅」，誰也不知道將來會有多大的利潤可以分配，大家都不會太計較，所以討論分配原則的時候很容易就通過了。如果是在今天，以聯想現在的規模，再來討論分配方案就會困難一百倍了。

聯想在股權改制的第一步即劃分分紅權，可以說是很成功

的，並且取得了很好的效果。一是激勵了老員工，二是對聯想的「未來激勵」，既兼顧了企業的過去和未來，又妥善解決了創始人員的歷史貢獻問題，因而可以說是一個比較公平、合理的股權改革方案。

一九九四年聯想在香港成功上市。

一九九八年，新任總理朱鎔基召見柳傳志，向他瞭解中國企業存在的問題，柳傳志直言不諱地說，國家的政策和制度不斷地變化，給企業帶來了巨大的政策風險，讓他們這些做企業的常常感到戰戰兢兢。柳傳志說這番話有可能是在給他正在做的聯想改制埋個伏筆。一九九七年，他剛剛在公司成立職工持股會，並說服財政部和國有資產管理局同意將國有股的百分之三十五股權出讓給聯想的員工。

一九九八年，北京聯想更名為聯想集團（控股）公司，並成為香港聯想的最大股東。

一九九九年，看到政府對中關村企業改制日漸重視，柳傳志帶領著創業團隊再度提出希望將分紅權變為股權。具體構想是聯想在集團內部推行員工持股計畫，向包括高管在內的員工發行認股權，高管層也由此直接持有了聯想集團的股權。

二十四年前，四十歲的柳傳志在中關村的一間傳達室成立公司的時候，美國一位十九歲的大學生邁克爾‧戴爾，也在德克薩斯一間大學宿舍成立了自己的公司，後來，這兩家公司——聯想和戴爾相互成了全球範圍的競爭對手。

二〇〇四年，戴爾成為世界五百強企業，這一年十二月，聯想宣佈收購 IBM 的個人電腦業務，邁克爾‧戴爾對這個併購提出了質疑。

不過，邁克爾‧戴爾現在應該開始後悔自己當初的多嘴了：二〇〇七年八月三日，聯想集團發佈二〇〇七至二〇〇八年財年

第一財季業績，業績顯示本財季是聯想收購 IBM 個人電腦業務以來取得利潤最高的一個季度，隨即楊元慶宣佈聯想集團收購 IBM 個人電腦業務成功。聯想集團成為中國企業國際化的排頭兵，並成功躋身為全球第三大個人電腦廠商，其規模僅次於美國的惠普公司和戴爾公司。

在隨後美國《財富》雜誌公佈的二〇〇八年度全球企業五百強排行榜中，聯想集團以一百六十七億美元的銷售額排名第四百九十九位，並成為首家躋身世界五百強的中國內地民營企業。

無論對聯想還是對中國民營企業來講，這都是一個標誌性的大事件。相對於邁克爾·戴爾而言，柳傳志在大陸這樣複雜的商業環境中取得這樣的業績，更加難能可貴。值得一提的是，聯想成為世界五百強時，柳傳志已經不用親自在前線「拼殺」，他讓愛將楊元慶與邁克爾·戴爾直接交鋒，而邁克爾·戴爾則不得不為了阻止戴爾業績下滑，於二〇〇七年重歸公司第一線擔任首席執行官。

聯想收購 IBM 的個人電腦業務的動作，是一樁已經聞名全球的交易——雖然在二〇〇四年十二月八日之前，「國際化」已成為中國商界最時髦的詞彙之一，且不乏海爾、華為和 TCL 這樣的大膽試水者，但聯想的大收購還是使其一躍即登到過去二十年來中國企業在海外破冰之旅的最巔峰：此前，尚未有過一家中國企業吞下更大、更加成熟的西方標誌性企業的資產。

聯想花了二十四年時間從當年的貿工技小廠躋身全球五百強，也濃縮了改革開放三十年中國民營企業的發展和榮耀。

創業這條路不好走，不但道路崎嶇，而且還要具備相關條件才能成功，所以在走以前，大家還是要想清楚。如果真的走失敗了，自己能接受這個結果嗎？其實失敗也不是不歸路，更多的只是資金受到損失，但自己得到了歷練，經過一番磨煉之後，然後

過一段再捲土重來。聯想就是在社會經濟變革下，進行著自己的獨特的企業變革，最終成長為世界性的國際化品牌企業。

柳傳志說過一句話：「困難無其數，從來不動搖。」聯想從進軍海外開始，第一次制訂了一個長遠戰略目標。聯想學會了制訂戰略，然後把戰略目標分解成具體的步驟。如果目標太高了，企業就要把土壘成臺階，一個臺階一個臺階往上走。聯想就是這樣一步一步往上提升，經歷著一個摸索和試驗的過程，最終邁進了國際化大品牌的行列，屹立於民族品牌之巔。

Chapter 10

務實堅持，
企業才能做大做強

蔡永龍：小螺絲組合成巨無霸

　　在大陸，螺絲被稱為是緊固件。幾年前，有一位台資「緊固件大王」在美國卡特裡娜颱風後，一戰成名，他就是晉億實業董事長蔡永龍。小螺絲，大世界。正因為蔡永龍的不懈努力以及精準、獨到的市場策略，開創了晉億傳奇，也譜寫了台商勇闖大陸市場的動人故事。

　　浙江省嘉善經濟開發區內，有一條街道是以一個公司的名稱命名的——晉億大道。而街道名字的來源——赫赫有名的晉億公司就位於晉億大道 8 號。

　　一九九五年十一月，晉億公司在嘉善經濟開發區落戶了。晉億的首批註冊資金七億多萬元，占地三十萬平方公尺，其中僅廠房面積就達到了十七萬平方公尺。當時許多人都對如此巨大的規模投入十分擔心，一旦失敗，其損失將不可估量。

　　不過站在晉億的今天回首當年，我們會發現那些擔心是多餘的。事實證明，正是這種底部紮實的生產規模和發展速度，譜寫了晉億的華彩篇章，也成就了嘉善經濟開發區甚至整個嘉善經濟發展的一個拐點。

　　用「十年磨一劍」來評價蔡永龍和晉億集團的發展，是再恰當不過了。從一九九五年至今，晉億從普通螺絲的生產，到汽車精密螺絲，再到高速鐵路扣件；從一個台資企業的引進，到領銜開發大陸生產規模最大的螺絲城；從一個獨資的中小型企業，到台資企業在大陸上市股本最大、發行規模最大、募集資金最多的嘉善第一家掛牌上市的企業。晉億公司在蔡永龍的率領下風雨兼

程，用辛勞和汗水樹立了大陸緊固件行業的一面旗幟。

「儘管做一包螺絲釘只賣十塊錢，但人家就靠這上市了。」

二○○七年一月，浙江嘉善的幾位螺絲經銷商正聚在一起討論一個話題：一月二十六日，他們的上游供應商晉億實業股份有限公司就要在上海證交所上市了，是不是該趁機買一些晉億的原始股呢？

作為下游的經銷商，他們對這個企業太熟悉了。一九九五年十一月，晉億實業來到了嘉善，並在這裡紮了根。領頭的是一個地地道道的臺灣人，他叫蔡永龍。別看個子不高，皮膚也有些黑，平時從不愛張揚，卻悄悄把這家公司做成了全球最大的螺絲生產基地。除了規模超一流的廠房，他還自建了三個專用內河碼頭，每天繁忙不斷，向國內外輸送螺栓、螺母、螺絲釘。

兩年前的那個夏天，太平洋彼岸的一場颶風，著實讓蔡永龍和他的晉億實業風光了一把。對蔡永龍來說，那一幕他可能永遠都無法忘記。

二○○五年八月二十九日，「卡特裡娜」颶風光顧了美國紐奧良地區，這成為該地區有史以來最為嚴重的自然災害，其中有百分之九十五以上的電力、網路、無線通訊等設施變成了一堆廢墟。為了儘快恢復供電，美國一個進口商同步向全球各螺絲廠發出一千二百噸電力螺絲的訂單。

電力螺絲與一般螺絲的不同在於其重量超出普通產品，每顆重達一公斤。大部分生產企業都需要接到訂單後再安排生產，一些工廠因為沒有原材料，甚至需要訂購原料後才能安排生產，前後一耽擱，往往從生產到運達目的地，最快也要十一月初，紐奧良才能恢復電力供應。

由於種種原因，晉億實業在九月中旬才收到訂單。當時在晉億的倉庫裡本來就庫存有六百噸電力螺絲，為趕工生產另外六百

噸螺絲，晉億馬上運進七百噸俄羅斯進口鋼材，加工成線材進入生產線，一百七十台高速螺絲成型機，以每分鐘一千根螺絲的速度生產。五天後，一千二百噸螺絲裝上貨櫃，從晉億的工廠直接坐火車到上海，裝上貨櫃輪。十月初，這批電力螺絲安全運抵美國，比其他螺絲生產企業整整提前了三十天的時間。

作為世界上最大的螺絲製造單一工廠，晉億用自己過人的速度和超常的實力，令世界同業心悅誠服。

而面對成功，蔡永龍卻顯得異常平靜：「成績和金錢不是最重要的，重要的是把事情做好。」正是靠著這種一步一個腳印的務實態度和兢兢業業的打拼精神，靠著這種品牌和信譽度，晉億走過了十幾年的風雨坎坷路。而透過那張年近五旬的臉龐，我們依稀能夠看到少年蔡永龍正跌跌撞撞從泥濘中一路走來。

和大多數老一輩創業家一樣，蔡永龍少時家境貧苦，根本沒有條件上學。小學畢業後，蔡永龍就離開了彰化的竹塘老家，隻身一人前往岡山大順螺帽廠開始了學徒生涯。

岡山素有「螺絲窟」之稱，在二十世紀六、七十年代，那裡聚集了大量生產型企業。但一九七九年，蔡永龍服完兵役回到岡山時，自己曾經的老東家——大順螺帽廠已經倒閉了。

蔡永龍沒有氣餒，東拼西湊了十萬元台幣，和弟弟蔡永泉、蔡永裕一起買機器設備、零部件，組裝了兩台螺帽成型機，靠著當學徒時積攢下來的經驗，把自家客廳當廠房，成立了「晉禾公司」，開始生產螺帽。

三十年過去了，連他自己都難以相信，自己居然在這一行一直幹下來，而且從一顆螺絲釘做到了全球霸主。

如今，蔡氏三兄弟分別在大陸及臺灣和馬來西亞，創建了三家工廠——晉億、晉禾、晉緯。在螺絲這個毫不起眼卻又不容忽

視的細分市場裡，三家企業猶如三駕馬車縱橫馳騁，繼續演繹著兄弟三人的創業神話。

　　世界上任何一個巨無霸企業，都是從小做起，這或許需要幾十年，甚至是一生的時間。速食型的企業是沒有生命力的。如果想把企業做大，就要拿出務實的態度來，投入全部的時間，腳踏實地地做好每件細微的小事，眾多小事最終會積聚成大事業。

　　創業，其實就是做事，做實事，但不一定是什麼驚天動地的事。把自己的事情做好，一點一滴累積，到一定程度就成大事了。世界上的「空想家」實在太多了，而勤懇、腳踏實地的人卻寥寥無幾。許多年輕人總想著幹大事，不願意從小事做起，其實剛進入社會，哪裡有那麼多大事情等著你做？想要成功，就要從小事、實事做起，只有把創業中的每一個細節做到位，才能在商場上決勝千里。

王振滔：務實誠信是企業立身之本

在大陸改革開放的大潮中，溫州人以敢為人先、開拓進取的精神，書寫著令人矚目的溫州經濟模式，走出了一條富有區域特色的發展路子。從當年的三萬元創業，發展到二○一○年「奧康」品牌價值達八十五億元，奧康集團董事長兼總裁王振滔的故事，就是其中最突出的教材。

一九八八年，不向命運屈服的王振滔東拼西湊了三萬元，創辦了永嘉奧林皮鞋廠，開始了他製鞋業的艱苦跋涉。經過十六年的不懈努力與追求，終於發展成為擁有六億元資產，年產值超過十五億元，盈利一億多元的大陸最大民營製鞋業集團之一——奧康集團，主導產品奧康牌皮鞋連續四屆蟬聯大陸真皮鞋王的稱號，並榮膺中國名牌稱號。王振滔的創業史證明了一個中國企業家的無悔人生。面對數萬浙商，王振滔大聲喊出了新時代的最強音：夢想是走出來的！

王振滔的成功不僅是企業的輝煌、個人的榮譽，更重要的是他保持著一種對企業、對行業、對社會的強烈責任心。在創業之初，王振滔就以振興民族工業、創建世界名牌、實現產業報國為己任，在企業運營、西部開發、超越自我、回報社會上開展了大量的工作，取得了可喜的成績，在同行及社會中產生了重大影響，帶來了巨大的社會效益和經濟效益。一個博大胸懷的養成，是一點一滴匯成的交響曲，深入分析他的個人發展軌跡，可以看到他的夢想是腳踏實地，具體而清晰的。

王振滔兄妹四個，家境貧寒。在他剛剛讀到高中一年級時，

雖成績優異，只因自己是兄長而退學，以減輕家庭負擔，全力供弟妹上學。十六、七歲的王振滔外出謀生的第一份工作就是跟著堂舅學木工。這樣一種居無定所、食無守時的「遊方木匠」生涯，對少年王振滔來說是一種磨難，也是一種磨練。做木匠的王振滔在湖北見到了不少溫州老鄉，他們在推銷電器、服裝、皮鞋，而收入比自己做木工多了幾倍，於是王振滔決定改行做皮鞋推銷生意。

天有不測風雲。正當王振滔推銷皮鞋的生意做得紅紅火火時，一九八七年的一場圍剿「溫州鞋」的暴風驟雨席捲大陸。南京、上海、湖北等地查抄的溫州鞋堆積成山。杭州的武林門廣場上，當眾一把火燒掉五千多雙溫州鞋……溫州鞋成了假冒偽劣的代名詞，成了人人喊打的過街老鼠。

火燒「溫州鞋」的風暴，使溫州許多皮鞋廠紛紛易幟，但王振滔卻沒有退縮，他以「產品體現人品、人品決定產品」的品質觀念，辦起了「永嘉奧林鞋廠」，就是要用「奧林匹克」精神作為開工廠準則，走出溫州眾多鞋廠靠仿「名牌」起步的圈圍，創出溫州的品牌。從此火燒「溫州鞋」的恥辱，變成了激勵王振滔奮力前行的動力，他也頑強地等待著為溫州鞋雪恥的那一天。

一九九九年，在杭州市郊中村，經過數年臥薪嚐膽，已經使奧康贏得市場美譽的王振滔和浙江省溫州市領導，在那塊讓溫州人蒙羞的土地上一起點燃了第二把火，把從全大陸收繳的假冒溫州鞋付之一炬，為溫州人正了名，也為溫州正了名。王振滔說，這把火他等了十二年。這把火載入了溫州經濟發展的史冊，二〇〇一年，大陸中央電視臺「實話實說」節目以「新鞋子舊鞋子」為題，徹底宣告了「溫州製造」的勝利，王振滔作為唯一的業界嘉賓，對億萬觀眾「憶苦思甜」。

與此同時，王振滔高舉「溫州製造」這桿大旗，挺進了上海

灘。二十世紀八、九十年代，個別溫州企業不敢在自己的產品上標注溫州字樣。二〇〇一年三月，王振滔在素有中華第一街之稱的「南京路」上開出了溫州鞋業的第一家連鎖專賣店，在上海引起了極大轟動，為溫州企業進軍上海做出了榜樣。

一九九八年，他率先在鞋業界導入連鎖加盟經營制，到二〇〇三年，已在大陸成功開設二千多家專賣店，並刮起了大陸皮鞋業實施連鎖加盟經營的旋風，也為大陸皮鞋行銷模式的變革提供了借鑑。

在他艱苦的努力下，「溫州製造」從此洗心革面，深入人心。

在馳騁國內市場的同時，王振滔以戰略家的目光、民族企業家的胸懷，將眼光投向國際市場，瞄準世界鞋都義大利。一九九九年，他在義大利設立設計中心，將最前沿的鞋業資訊以最快的速度帶回中國；二〇〇〇年，他在義大利、荷蘭等國設立分公司，將奧康產品打入國際市場，當年九月，近萬雙奧康皮鞋運往雪梨，奧康皮鞋隨著雪梨奧運會走向了世界；二〇〇一年，他以百萬年薪的代價，將義大利設計名師請到中國，擔任奧康首席工藝師，加速了奧康產品與世界潮流的接軌；二〇〇二年，他將奧康專賣店的旗幟插在了美國紐約，現在奧康在歐美、東南亞等地開設專賣店近二十家。

然而，大陸加入世貿組織後，大陸的製造業受到了全世界的關注。如何提高大陸製造品牌的附加值，是每個企業家面臨的大課題。王振滔堅持與國際一流品牌強強合作的策略。二〇〇三年二月十四日，他與義大利鞋業第一品牌 GEOX 簽訂全面合作協定，從二〇〇三年起，GEOX 公司產品在大陸的市場推廣由奧康全權負責，GEOX 公司銷往亞洲和歐美市場的產品和輔助設計由奧康負責，同時，雙方銷售網路資源分享，這是大陸製造的產

品，第一次得到允許進入國際一流品牌在全球五十五個國家和地區的五萬個銷售網站。

二〇〇三年九月十一日，農曆八月十五晚上七點，這一天是傳統的中秋佳節。在黃浦江的一艘豪華遊輪上，來自義大利的功勳企業家、GEOX 總裁 Mario Moretti Polegato 和奧康集團總裁王振滔舉杯相邀，慶祝他們合作成功。

這一天，GEOX 公司總裁夜遊黃浦江時握著王振滔的手說：「我們一樣的年輕，我們在同一條船上。」這是一個一流國際品牌對大陸企業家由衷的讚許與認同，這也是一次雙贏的選擇。大陸「入世」後，GEOX 公司一心想進入全世界人口最多的中國。而奧康也早就把目光瞄向了更為廣闊的國際市場。在合作之前的一年多時間裡，GEOX 總裁親率公司骨幹赴中國及周邊國家進行商務考察，尋求亞洲合作夥伴。經過深入細緻的「明察暗訪」後，GEOX 公司認為，奧康具有較強的生產、設計和銷售能力，企業決策層視野開闊，創新意識強，是理想的合作夥伴。

王振滔的事蹟並不驚世駭俗，但他一步一個腳印走過的路卻清晰可辨。隨著事業的成功，他的胸懷和眼界也在逐漸的寬廣，從打造奧康品牌、溫州品牌、中國製造品牌，到西部鞋都品牌，直到中國最大的財團中瑞品牌，那心中的熾熱情懷一次比一次寬廣，並都一一由夢想變成了現實，鼓舞和激勵著每一位奮發向上的中國企業家。他用自己的汗水和智慧，譜寫了一個創業者產業報國的生動樂章。

縱覽王振滔多年的發展歷程，人們驚異地發現作為一個以製造業為主的民營企業，居然有那麼宏大的思路和深厚的企業文化積澱。正所謂驥不稱其力稱其德也，究其原因正是那一腔懷揣祖國、揹負民族責任的使命感使然。

王振滔曾說，最大的品牌是國家，沒有國家的富強，就不可

能有奧康的今天！

　　王振滔正用實踐履行著奧康集團的品牌理念——夢想是走出來的！

　　在奧康，有一句話叫做「品質是基礎，品牌是生命，人才是根本」。王振滔對「人才」有自己獨到的見解，他認為不僅具備高學歷、高級專業的技術人員才叫「人才」，而普通一線員工也是「人才」，因為只有他們以辛勤的工作、敬業的精神和熱情的服務態度，才能生產出一流的產品，並推向市場，讓消費者認可，他們是企業真正的主體。

　　務實的企業首先是一個誠信的企業，誠信是立商之本。務實加誠信是每個創業者從最初起就應堅持並發揚的優良傳統。創業者的任何一個行為，都對企業的「誠信」形象有一定的影響。一個企業如果不能將企業的內部信用建設好，那麼企業的文化裡面就有不講信用或投機取巧的成分。這樣就會使企業的員工在生產、銷售中採用過多的變通方法，以導致生產的產品不合格、投機取巧，最終使得危害企業誠信形象的行為大量出現，從而使企業的「誠信」建設成為空談。企業只有在社會中承擔自己應承擔的責任，並有效地預防和處理企業的危機，才能使企業的「誠信」形象樹立得更加醒目。

鄒國營：品質是造就名牌的根基

　　傳統文化中有「無奸不商」的說法，這本來是對奸商的一種控訴，現在卻被一些不負責任的企業，拿來作為指導其牟利的手段。大陸改革開放初期，一批大陸的「企業家」到了市場經濟的大潮中，好像解脫了一切束縛，大奸大商起來。更有甚者，用工業酒精製成瓶裝白酒，弄出多條人命來。其實回顧大陸的經濟史，每一家百年老店都是童叟無欺，嚴把品質，恪守誠信的。

　　「無奸不商」只是對商業行為的一種排斥表現而已。一個有戰略眼光的創業者，更懂得用高品質的產品佔領市場。

　　一九九一年，正在為廠裡生產什麼新產品而發愁得整夜睡不著覺的鄒國營，忽然看見自己家廚房的抽油煙機，不由得眼前一亮，因為家裡的抽油煙機是經過自己改進的，抽油煙的效果非常好，於是鄒國營產生了生產抽油煙機的念頭。為了證實自己的想法，鄒國營在自己的社區一家一家地數抽油煙機，他驚喜地發現社區有一百多戶人家，然而只有二十多戶人家裝了抽油煙機，可以預見抽油煙機的市場還有多麼大的潛力。

　　說幹就幹，鄒國營管理的工廠，真的把抽油煙機作為自己的主導產品，並且生產出屬於自己品牌的抽油煙機──帥康。「帥康」牌抽油煙機一投放到市場，就獲得了消費者的青睞。看到一車又一車的抽油煙機從廠裡拉走，鄒國營的心裡樂開了花。

　　正當鄒國營滿心歡喜的時候，廠裡卻出現了一批抽油煙機的外殼上噴漆不均勻的產品，看著這批價值十八萬元的有外觀問題的抽油煙機，鄒國營開始也沒有放在心上，他像廠裡的質檢人員

一樣，認為這不算什麼大事，因為消費者普遍關注的只是抽油煙機的抽油煙效果，而不會在意表面的漆是不是均勻。鄒國營不打算返工處理這批抽油煙機，只是對倉管人員說先放幾天再說。

這天，鄒國營回家的時候，看見自己的鄰居老萬抱著一台抽油煙機要去找經銷商，鄒國營就問老萬：「你這是怎麼了？」老萬一見鄒國營，馬上就指著手中的抽油煙機說：「這是什麼狗屁抽油煙機，我用抹布一擦，就往下掉漆，我要退回給他們，我再也不買這個牌子的抽油煙機了，不但我不買，我還要告訴親朋好友都不要買！」鄒國營一聽，心裡一驚，想到如果自己也任由這批噴漆不均勻的抽油煙機出廠，那不是同樣會遭到消費者的罵名，砸了自己的品牌嗎？

鄒國營家門也沒有進，就轉頭回工廠。一到工廠，他就把所有的質檢部門的人員找來，並且讓人拿來一把榔頭，廠裡的這些質檢人員疑惑不解地盯著鄒國營手裡的榔頭，不知道他想幹什麼，鄒國營當著這些質檢人員的面，一榔頭一榔頭地砸向那些表面噴漆不均勻的抽油煙機，一邊砸一邊對身邊的質檢人員說：「這次我砸的不是抽油煙機，而是我們內心深處的那一點僥倖，我知道你們都抱著僥倖的心理，認為這點噴漆不均勻無所謂，消費者看不出來，可萬一消費者看出來呢？那時消費者不但不會再相信我們的品牌，而且會到處傳播我們的抽油煙機的品質不過關！」

這批不合格的抽油煙機被砸過之後，沒過多久，一家向帥康提供電機的廠家，卻因為生產的電機不合格被鄒國營發現了。鄒國營看著這批價值二十萬元的電機，又一次把手伸向了榔頭，可是電機廠的廠長卻說什麼也不允許鄒國營砸自己廠生產的電機，最後鄒國營對這位廠長說：「好，我今天不砸了，但我們廠與你簽訂的所有合同從今天起作廢，你們廠也從今天開始退出為『帥

康』抽油煙機提供電機的行列。」那位廠長一聽鄒國營如此堅決的語氣，不由得慌了神，因為沒有了為「帥康」提供電機的機會，也就意味著自己的廠要倒閉，最後這位廠長眼睛一閉，對鄒國營說：「你砸吧！砸完我再生產，我就不相信我還會生產不入你眼的電機。」

就這樣，兩次砸向品質的重錘，徹底地讓所有的「帥康」人明白了，在鄒國營的心裡，品質就是生命，任何一點瑕疵出現在產品上都是不允許的。

今天，「帥康」抽油煙機因為品質良好，成為大陸消費者心中的寵兒，鄒國營也因為「帥康」一步步地佔領市場，成為大陸新一代的「抽油煙機大王」，但就是這樣，鄒國營也仍然沒有放棄對品質的要求，他說：「我砸向抽油煙機的兩榔頭，其實也就是砸向自己心中的兩榔頭，只有把內心深處那一點點對品質把關不嚴的僥倖心理砸碎了，我的產品才可以真正地走出國門，走向世界，並且擁有自己的一席之地。」

當鄒國營把榔頭砸向噴漆不均勻的抽油煙機的時候，他的心裡就明白：名牌才能佔領市場，而品質是造就名牌的根基。品質永遠是每一個企業的生命線，一個沒有品質保證的企業永遠走不遠。而企業的經營要以市場為嚮導，要求企業樹立「用戶第一，顧客滿意」的品質經營觀。

　　企業經營的成功，不在於能從消費者那裡賺取多少利益，而在於有多大可能地吸引回頭客，這就要求企業盡最大的努力為顧客帶來利益。這種利益的轉化是通過產品來實現的，高品質的產品會帶來顧客的滿意，吸引他們下次再來購買。

　　產品的名氣越大，企業管理上越要嚴格，即名牌的品質戰略必須是持久的戰略，任何急功近利的短視行為，雖能輝煌一時，最終會因經受不住時間的考驗而難逃失敗的命運。只有踏踏實實地做出好產品，才能真正贏得消費者。

鄧中翰：中國「芯」用實力贏得世界

　　鄧中翰從小的理想就是做一個偉大的科學家，希望認識這個世界並改造這個世界。在今天的中星微，人人稱呼他「鄧博士」而不是「鄧總」，這可能源於鄧中翰的科學家情結。科學家都有著埋頭做研究的務實作風，而鄧中翰恰恰保留和發揚了這種作風，並把這種務實作風滲透到了企業的發展中。

　　二〇〇一年九月，百萬門級超大規模晶片「星光一號」實現產品化，並成功打入國際 IT 市場。實現這一創舉的是以鄧中翰為首的一群青年「海歸」創業者，他們很勤奮、懂技術，也通曉市場的規律，看似普通的這些特點加在一起，造就了一個非同凡響的「中星微電子」。

　　鄧中翰一九六八年出生於南京，畢業於中國科技大學。一九九二年鄧中翰赴美國加州大學伯克萊分校讀書。在五年時間內取得電子工程學博士、經濟管理學碩士、物理學碩士三個學位，是該校建校一百三十年來第一位橫跨理、工、商三學科的學者。讀書期間，他先後發表過二十五篇學術論文，榮獲威爾遜博士研究獎及楞次紀念獎，並在著名的國際固體電路年會上作論文課題報告。

　　如果沒有當年的一次疏忽，鄧中翰可能會成為一位實驗室裡的科學家。一九九四年，由於簽證問題，隨導師訪問日本的鄧中翰被迫滯留東京。站在繁華的銀座街頭，一直在大學生活的鄧中翰突然困惑了：「為什麼日本如此發達，而我離開大陸時人們的工資才一百多元？為什麼有股市和產業？這些東西之間有什麼聯

繫？」

還在中國科技大學上學時，很多不瞭解鄧中翰的人都把他叫做「書呆子」，但鄧中翰並不認為自己「呆」，他只是喜歡追根究底而已。因為那股鑽勁，在東京街頭的見聞，讓鄧中翰做出了一個決定——兼修經濟學。正是對經濟學的研究，改變了鄧中翰的職業軌跡。

鄧中翰講話喜歡用排比句，在一連串語句背後，人們能感受到其中蘊涵的激情。紅杉資本中國基金創始人沈南鵬曾說過：「創業需要激情。」而鄧中翰就有這種激情。一九九九年十月一日下午，應邀回大陸參加五十週年大陸國慶大典的鄧中翰與朋友出現在長城上，他們要在這裡留影。在那張後來被廣為傳播的合影上，當其他公司創始人都在做出勝利手勢時，鄧中翰卻手臂交叉，顯得心事重重，「我在美國做得很好，可我還沒有為我的國家做過任何有貢獻的事。」就在那一刻，鄧中翰下定決心，他要回國創業。

在海歸團隊中，中星微的幾位創始人的履歷堪稱豪華——都是畢業於海外名校的博士，都在國際大公司工作過，還都在矽谷開過公司。鄧中翰這樣解釋他們回國創業的原因：「首先是愛國，如果有人覺得這是唱高調，那我勸勸他出國走一趟，只有到了外國，你才知道什麼是『中國心』；其次是事業心，我們都是有『野心』的，不甘心在別人的地盤幹一輩子。」一九九九年十月十四日，在北京北土城西路的一間倉庫裡，中星微開張了。有人問鄧中翰為什麼不租條件好些的辦公室，他回答：「只要把第一年的冬天克服過去，就可能渡過第二年、第三年的冬天，也才能迎來屬於自己的春天。」

中星微如何發展，鄧中翰已經心中有數。那次中國科協名譽主席周光召說服鄧中翰後，將他介紹給當時的大陸資訊產業部副

部長曲維枝，落實具體事宜。鄧中翰向曲維枝明確地提出了自己的想法——要做核心技術，必須一開始就要抓住市場的突破點。技術是隨著市場發展的，只有找準市場定位，才能找準技術方向。

在這一基礎上，鄧中翰提出，在數位多媒體領域可以大有可為。當時這個領域相對較新，一些大企業重視不夠，而且由於當時以英特爾為代表的大部分晶片設計，基本上都是採用傳統的運算方式，處理資料時能耗很大，並不適合對功耗要求很高的多媒體領域。既然沒人注意也沒人做得好，這自然適合去填補空白。在晶片產品生產方面，鄧中翰又引進了一個美國模式——無工廠，即只做晶片設計。晶片的商業模式在美國經過幾十年的發展，已經相對比較成熟。鄧中翰選擇無工廠模式，一方面是因為相對容易啟動，另一方面是當時大陸沒有先進的晶片製造商。因此中星微純粹做設計，然後將設計出來的晶片再委託工廠流片、測試和封裝，最後製成正式產品。

二〇〇一年三月十一日，中星微「星光一號」研發成功。這是大陸首枚具有自主智慧財產權、百萬門級超大規模的數位多媒體晶片，同時結束了「中國矽谷」中關村無矽的歷史。二〇〇一年五月，「星光一號」實現產業化。

從公司成立的第一天起，鄧中翰就將中星微的市場定位於全球，所以公司並沒有選擇當時市場紅火的 CPU、通信這些通用晶片，而是選擇了規模還很小但極具潛力也很有風險的多媒體晶片。隨著通訊工具逐漸普及，中星微看到了廣闊的市場前景，於是將眼光瞄準了手機。

對於技術型公司來說，研發階段是非常艱苦的，最大的困難就是根本招不到有經驗的晶片設計人才。幾位創始人只得親自上陣，同時還要一步步地培養人才。產品雖然出來了，但是由於知

名度太低，國際手機大廠一開始根本就不接受中星微的晶片，而大陸手機廠商根本又沒有技術實力來運用「星光一號」。

好不容易將產品研發出來了，卻不為市場所接受，怎麼辦？機會並不是沒有，最重要的是要有一雙能夠發現它的眼睛。中星微的幾位創始人發現，PC 多媒體市場已經悄然啟動，隨著互聯網的迅猛發展，視頻聊天、百視電話等功能迅速普及開來，而這些都離不開 PC 攝像頭的支援，離不開多媒體晶片。

鄧中翰說他這一生最要感謝的是索尼公司的一位高級主管，如果不是這位主管對自己的蔑視，也許中星微晶片的發展不會那麼好、那麼快。

二〇〇一年夏，鄧中翰走進索尼會客室，接待他的是索尼的一位主管。鄧中翰此次去日本的目的是推銷新研發的晶片——星光一號。索尼的一位高級主管接待了鄧中翰，當鄧中翰表明自己想賣影像處理方面的晶片給索尼公司的時候，這位主管輕蔑地看了鄧中翰一眼，然後用十分傲慢的語氣對鄧中翰說：「我們索尼公司擁有這樣的專利幾百個，這樣的產品更是成千上萬，你的這種晶片的技術，我們是祖師爺。如果你是想學習的話，我可以帶你到我們的榮譽室看看我們的展覽，順便也看看我們的產品；如果你還執意要推銷你的產品，那麼對不住，我還有個會議，不能奉陪了。」這位主管說完這些話，就起身送客。鄧中翰一邊走一邊對自己說：「我還會回來的!」

正是經歷了這樣的蔑視，鄧中翰爆發出前所未有的能量，終於在二〇〇五年讓索尼用上了自己的晶片。鄧中翰是一位懂得把蔑視化為更大的內在動力的人。

在經歷了起初的一系列艱難後，性能優異、集成度高、能耗低、傳送速率快的「星光一號」，終於被三星、飛利浦等國際品牌採用，成為第一塊打入國際市場的「中國芯」。然而，最讓鄧

中翰揚眉吐氣的是二〇〇五年夏天，索尼新一代筆記型電腦上的攝像頭，運行的正是中星微的「星光5號」。

二〇〇五年十一月十五日，中星微在納斯達克上市。與以往那些在美上市的網路服務股不同，中星微是一家純粹的技術概念公司。在多媒體晶片領域突破了超過七大核心技術，申請了五百多項專利，讓中星微成為不僅僅是中國第一家在納斯達克上市的晶片設計企業，更是成為中國第一家在納斯達克上市的擁有完整自有核心技術和智慧財產權的企業。鄧中翰在納斯達克閉市儀式上的簽名，成為留在這個高技術公司雲集的證券交易所的第一個中文簽名。

鄧中翰曾這樣概括自己的人生觀：「我覺得責任感和挑戰精神非常重要。在面臨抉擇時，每個人都要考慮到自己的責任；在選擇後，每個人都要以挑戰精神去應對可能遇到的困難。」

血液裡流淌著濃濃的科學家夢想的鄧中翰，卻有著非常敏銳的企業家思維。中星微從開始便堅持填補市場空白而非技術空白，要做能夠佔領市場的產品而非實驗室產品，這些想法隨著「星光中國芯工程」的完成，正在被驗證為務實的和正確的。鄧中翰一直強調品牌的生命力就是企業的生命力，「一個偉大的企業之所以偉大，就是因為它是一個偉大的品牌的創造者和載體」。

經營者的理念能夠決定企業的發展前景，經營者的理念對於一個企業來講就是關鍵的生產力之一。一個人的發展與整個社會的發展是不可分割的，只有將自己的熱情和智慧投入到有意義的事業中，才會獲得成功。繼承著科學工作者務實作風的鄧中翰，對科學技術的發展充滿了幹勁，一步步把「中星微」發展成為中國民族企業的優秀代表。

嚴介和：踏實做人，務實做事

　　良好的口碑才能使創業漸入佳境。一個新創辦的小公司要想吸引客戶的話，就一定要踏實做人、務實做事。只有把品質當做企業的第一生命力，嚴把品質關，做到誠信待人，企業才能在激烈的市場競爭中站住腳跟，進一步發展壯大。

　　一九九二年的冬天，對於嚴介和來說特別寒冷，他好不容易東拼西湊到十萬元成立了自己的企業，可是卻承包不到一個工程。

　　有一次，嚴介和偶然從一位朋友那裡得到一條資訊：南京市環城公路要開工建設。聽到消息，嚴介和如獲至寶，他馬上就去了南京。可是嚴介和在南京一個熟人也沒有，他更不知道南京市環城公路指揮部在什麼地方，要找誰才能夠承包到工程呢？但嚴介和有他的辦法，他一到南京就坐上一輛計程車，然後像南京本地人一樣對計程車司機說，把我送到環城公路指揮部去，司機還真的就把他載到了環城公路指揮部。

　　可是找到環城公路指揮部後，指揮部的人卻把嚴介和趕了出來，因為他們不相信嚴介和有這個能力，更不相信嚴介和有這種資歷。嚴介和一次次地被人趕出來，又一次次地進入指揮部，第十一次的時候，終於有一位工作人員被他的誠心所感動，問嚴介和：「你真的想承包工程？」嚴介和說：「怎麼不想，不想我就不會這麼一次又一次到這來了。」於是這位工作人員對嚴介和說：「我知道有位承包商想把自己手裡包的三個小涵洞專案承包出去。」嚴介和眼前一亮，馬上說：「我願意承包。」

等到嚴介和拿到這三個小涵洞專案的時候，他才知道自己已經是第五包了，這三個小涵洞的專案是誰承包誰倒楣，不要說賺錢，就光管理費就要交納百分之三十六。面對這樣一個項目，許多人都勸嚴介和不要做，或者像別的承包商那樣昧著良心再承包給別人。

可是嚴介和偏偏不想這樣做，他對自己手下的工程人員說：「既然承包下來了，就認認真真地把這三個小涵洞的工程做好，只當是對我們這個企業的一次鍛鍊。但是嚴介和的心裡明白，按照以往真材實料的工程經驗做下來，自己最少得虧損八萬多元，而這八萬多元，對於剛剛成立的一個總資產才十萬元的企業來說，幾乎就是滅頂之災。

大年三十，三個小涵洞的工程完工了，嚴介和把工資發給工人們，工人們帶著錢歡天喜地地回家過年了，嚴介和卻一個人面對這三個小涵洞流下了眼淚，他不知道自己的路該如何走，第一個工程就出師不利。

一九九三年的春天來得特別早，可是嚴介和卻覺得自己的春天還沒有來到，因為他還是沒有接到工程，正當他不知道該怎麼辦的時候，南京環城公路指揮部卻找來了，原來環城公路指揮部在對三個小涵洞驗收的時候，指揮部總指揮、總工程師以及相關人員，都以各項全優的指標驗收了這三個涵洞，指揮部總指揮指著涵洞說：「這些工作是誰承包的？給我找回來。我們的工程就需要這樣的工程隊來承包！」

就這樣，嚴介和的春天到了，他在環城公路的建設中一下子脫穎而出，從一支沒有一點名氣的雜牌軍，一下子升級為指令性承包隊，並且當年就承包了三千多萬元的專案，淨賺了八百多萬元。這個時候嚴介和才明白，一個人只要對得起自己的良心底限，堅守自己的職業道德，生意場上虧損的那些錢其實都是賺

了，因為賺到一個好的名聲，賺到別人的信任，賺到一個人在社會行走所必須擁有的誠信，那才是一生中擁有的最大財富。

　　虧，其實也是賺；退，其實也是進。人生就是這樣，看起來在做一件得不償失的事情，但往往有些時候這樣的事情卻能夠決定一個人的未來。難怪嚴介和自己會說：「先做事，再做人；再做人，再做事；最後只做人，不做事！」從這句話中，我們可以看出「做人」的重要，其實做人就是在做事，什麼樣的人才做什麼樣的事情。所以人在創業之前，先得有德，「德才兼備」才能「財」也兼備。

　　「得道多助，失道寡助」，有德者方能得天下。一個企業究竟能做多大、能走多遠，往往取決於創業者的個人素質。但凡那些取得很大成績的創業者，無一不是嚴格要求自己、要求企業的人，他們深諳做事先做人的道理。一個成功的創業者做任何事情都應以誠信為本，努力做到最好，做每一件事情都要對得起自己的良心。踏實做人，務實做事，正是優秀創業者所必備的素質。

馮軍：草根英雄創造 IT 傳奇

　　馮軍貌不驚人，說起話來滔滔不絕，多年前遊走在中關村眾多的攤位間推銷產品。從當初靠蹬三輪賣小太陽鍵盤起家，到創建年營業額超過二十億元的大陸數位產品第一品牌，馮軍創造了一個傳奇。

　　縱觀馮軍所走的路，那是一條中關村裡大多數小企業主們都想走或正在走的路。經過十五年的時間，在眾多的競爭者中，唯有馮軍創建了華旗屹立不倒的神話。英雄不問出處，傳奇必有根源。白手起家的馮軍之所以能夠異軍突起，就是憑著他堅韌執著、憨厚耿直的性格，和不斷突破的嘗試，這就是他成功的秘訣。

　　一九九二年，馮軍畢業後被分配到北京市建築工程總公司，可他不喜歡這種工作，很快就放棄了。從北建出來，馮軍口袋裡只有二十六元，他直接跑到了中關村。馮軍有一個同學大二輟學在中關村幹得很好。馮軍和同學商量，在他六平方公尺櫃檯裡擺了一張桌子，占三分之一的面積，付一半的租金。從此馮軍開始了他的創業之路。

　　馮軍開業第一天就掘到第一桶金——一天銷售六百只鍵盤，賺了三千元。在一九九二年，一個月能拿到三千元工資的人還不多，更別提剛畢業的大學生了。這使馮軍創業的信心和決心更加堅定。

　　賣鍵盤一天賺三千元似乎不難做到，但是真正想把鍵盤做成生意，卻並不容易。馮軍最初的路和中關村無數賣鍵盤的小販沒

有任何不同。但是後來，只有馮軍把鍵盤做成了上規模的生意，這就是不同。

一九九三年十月十八日，成立了華旗資訊。馮軍沒有資本，也沒有辦法從銀行貸款，所有的資金都來源於他每天賺到的錢。華旗最初就是以這樣一種自我積累的方式滾動發展，其中的艱辛和壓力可想而知。

儘管每一步都走得非常艱難，馮軍剛起步就定下了很遠大的目標。他一開始就給自己的公司註冊了一個商標——「華旗」，取「中華的旗幟」之意。

然而最初的艱難還是無法言說，馮軍只能在其他公司的營業場所租了一張桌子，作為公司的營業所在地。成立初期，沒有現成的客戶，就從認識的朋友介紹開始，一步步發展自己的客戶。

這個雄心勃勃的公司，實際上只有馮軍自己和他新招進來的一個業務員兩個人。主管產品是鍵盤，也涉及主機殼業務，所有的推銷、搬運、驗貨、送貨等工作，馮軍都會跟著業務員一起做。

業務員也是剛剛大學畢業，但做了沒有幾天就辭職了。原來這個大學畢業生騎著三輪車給客戶送貨的時候，撞見自己的大學同學。同學們找的工作都是坐在辦公室裡，而他卻在蹬三輪，經此對比，他頓時覺得簡直臉沒地方放，恨不得找個地縫鑽進去。這也難怪，在二十世紀九〇年代初，大學畢業生還是比較稀有的資源，工作並不難找，而蹬三輪車確實不是一份能看到前途的工作。

大學生業務員堅持不了，但從清華畢業的馮軍卻堅持了下來，為了打開市場，無論是炎熱的夏天，還是大雪紛飛的冬天，馮軍總是一手提鍵盤，一手拎主機殼，挨家挨戶推銷自己的產品。

　　華旗的奮鬥目標是「成為令國人驕傲的國際性企業」，與今天的大氣和豪邁相比，當初馮軍相當拘謹，因為他只能艱辛地在夾縫中尋求生存的機會。

　　其實馮軍完全沒有必要如此，他有著令人羨慕的清華大學的文憑，有著很有實力的接收單位，但是馮軍卻選擇了最痛苦的歷程，他說：「我想嘗試改變，而且我早就意識到不會有永遠的鐵飯碗，除非自己給自己造一個。選擇 IT，是因為我看到它有很大的發展空間。」

　　於是馮軍開始了艱苦的推銷。

　　一九九三年的一天，中關村頤賓樓某公司，正在組裝電腦的小趙對老闆說：「又來了。」只見馮軍一手拎電腦鍵盤、一手抱電腦主機殼，滿臉堆笑地往櫃檯這邊走來。「看一眼今天的最新款。」說話間，他已將主機殼放到了老闆眼前。這家公司馮軍已來過很多次，老闆已經有些被他打動了。「哎，你這東西不錯，什麼時候客戶需要，再找你吧！」馮軍知道這是中關村一些公司打發人的套話，也知道如果自己走了，就失去了機會。於是他「賴」著沒挪步──「如果有客戶要，可又看不見貨，那怎麼辦呢？」老闆笑了，同意馮軍將主機殼放下來代銷。

　　華旗成立後，當時的主要業務是代理小太陽外設產品。當鍵盤和主機殼成功之後，馮軍開始做顯示器。馮軍回憶道：「在中關村，華旗是第一個將顯示器、主機殼、鍵盤品牌統一的，都叫小太陽。」

　　經過兩年努力，小太陽鍵盤月銷量達到三萬只，占大陸北方市場的百分之七十。「我當時的想法是讓大哥（鍵盤）帶帶小弟（主機殼）和小小弟（顯示器）。」馮軍做顯示器的招數是「一年保換，壞一賠二十」，即壞了不僅給換，還因為給客戶添了麻煩，賠償客戶三十元。當時顯示器零售利潤四十元，批發利潤二

十元。就憑這個，華旗剛進入顯示器市場就將日銷量穩定在了六十到一百二十台。

小太陽漸漸深入人心之後，馮軍要求生產廠將小太陽標誌，從鍵盤背後提到鍵盤正面的左上角。

「今天你看到所有鍵盤的商標都放在左上角，是我最早這樣做的。你找一下以前的老鍵盤，它們的商標都放在右上角。左上才是視覺重點，我這樣做之後，他們都跟我這樣做。」

這就是商人的頭腦、做事業的意識，他能夠從眾人視若無睹的市場中發現商機。

一九九六年，奔騰開始流行，飛利浦於一夜之間月銷量突破兩萬台，在價格、品質、利潤、銷量各方面都比小太陽高出很多，華旗的發展遭遇了第一個瓶頸和危機。與此同時，在中關村還出現了大量仿冒小太陽品牌的假貨。辛苦經營起來的品牌沒有保護網，受到了強烈的衝擊，華旗遇到了第二個危機。

不改變就意味著死亡，這顯然不是馮軍的初衷。恰在此時，馮軍讀了《聯想為什麼》一書，他受到了柳傳志的啟發，決定採取兩條腿走路，一方面代理國際品牌，另一方面做自有品牌。於是「愛國者」品牌橫空出世，同時馮軍還拿下了當時顯示器國際大牌美格的總代理權，直接化解了華旗面臨的這兩場危機，可以說這是馮軍謀求變化的成果。

是什麼使他能夠堅持下來？馮軍說：「從最基層幹起，是挺累，是挺辛苦，而且可能沒有面子，但是卻能瞭解到用戶最基本的需求，因為你面對的都是最終用戶。最終用戶他不會給你留什麼面子的，他要什麼，你什麼東西不好，你哪個地方需要改進，他都會直接告訴你的。」

在華旗一些創業元老的記憶裡，不管颳風還是下雨，馮軍每天必做的一件事就是一手提著鍵盤，一手抱著主機殼，到客戶那

裡走一圈。那時平日熱鬧喧囂的中關村一到下雨天就會平靜下來，大部分人都會停業休息或者打牌娛樂，而馮軍卻把所有銷售人員都趕出門，對他們說：「這個時候是你們推銷產品的最好機會。」

即使到了後來，華旗已經雄踞中關村，成為互聯網業的霸主，馮軍依然要求華旗所有的高管每個月都要站櫃臺，瞭解客戶的需求。

草根的創業故事早已經不是新聞，馮軍延續的也不過是又一個不算傳奇的成功傳奇，但也正是因為有了早期的落魄與艱辛，馮軍今天的輝煌才顯得更加厚重。其實馮軍當初蹬三輪的時候，有很多人也衝進了中關村這個造夢的地方，然而能夠圓上成功這個五彩夢的很少。馮軍作為一個草根英雄，除了能吃苦，還有很多值得我們研究和效仿的地方。

這個草根英雄的成功之路，經歷了三次裂變。

第一個階段，一個科技小販。那時候他只能靠艱辛的體力勞動獲勝，比別人多跑一點、多說一點，多接觸客戶一點。就是這樣一個簡單的階段，也會淘汰很多人，就像那個大學生業務員，他吃不起苦。

第二個階段，有實力的通路商。在中關村有很多通路商，有實力的也不在少數，然而，他們也許有馮軍做大的意識，卻沒有他做成的資本，馮軍憑什麼？做人的真誠和創新的意識。作為一名商人，馮軍顯得與眾不同；而他的華旗也非常有特色。這就是馮軍能夠成功的第二個原因。

從中關村出來的人，多少都有中關村的特點，這其中有好的一面，也有不足的一面。好的一面，就是能夠吃苦耐勞，比較務實；不好的一面，就是急功近利，小市民意識比較濃厚，重商重利。但華旗沒有，我們現在看到的馮軍，只有做事業的決心，沒

有賺錢的私心。

第三個階段，成功創建一個自己的品牌。最易創業成功的有兩種人：一種是思想先進、行動果斷、敢於創新、吃「第一隻螃蟹」的人；另一種是善於以靜制動，能夠堅守原則，在關鍵時刻頭腦冷靜，能夠在其他人盲目前行時採取獨到的策略。而馮軍的成功，顯然既具備了創新意識，又擁有了獨到的策略。

與馮軍的草根英雄相匹配的是華旗是中關村最典型的草根企業，從創業開始，它沒有依仗任何獨特的資源，甚至沒有屬於自己的優勢——沒有資金，沒有技術，沒有壟斷的資源和政府背景。然而，馮軍就是以小資本成就了大事業。難怪英國《金融時報》評論說：「如果說西方企業應該對某個中國人心存畏懼的話，這個人就是馮軍。」

淘金點評

　　競爭永遠是殘酷的，商品市場每走一步路，都會遭遇對手的圍追堵截，要想殺出重圍，就要對市場有敏銳的感覺，同時還要有隨機應變的策略。馮軍走過的路除了艱辛還是艱辛，那條給他設計的路又窄又險，然而他憑藉著對市場的敏銳，憑藉著應變的策略，憑著踏實的做事風格，渡過了重重難關，並最終走上了國際大品牌的寬敞之路。

俞敏洪：像蝸牛一樣爬上金字塔

　　有一個故事說雄鷹飛到金字塔頂端只要一瞬間，而蝸牛爬到金字塔頂端則需要好幾年。我們通常把雄鷹比作天才，他們有著與眾不同且超出常人的天賦，能輕而易舉地達到目標。那麼相對而言，蝸牛是普通人，而且世界上的大部分都是普通人，普通人沒有超人的天分，只能通過腳踏實地、堅忍不拔的努力，慢慢達到目標。

　　這個世界上一夜暴富的人很多，但金錢獲得的太容易，往往不會去珍惜，失去的就越快。創業沒有什麼捷徑可走，很多富有者都是靠一點一滴地積攢，堅持務實的努力，才打下偌大的事業。他們懂得創業的艱辛，所以珍惜、尊重每一分錢。我們不要做雄鷹，而要像蝸牛一樣靠著自己的奮鬥去實現理想，這樣心裡才會更踏實、更滿足。

　　俞敏洪——一個普普通通的農家子弟，一個兩次聯考落榜的窮學生，在費盡一番周折之後終於考進了北大。趁著歷史的機遇，俞敏洪有幸留在了北大任教，然而好夢不長，這個百年學府卻在不經意間狠狠地「踹了他一腳」，逼迫他走上了創業之路，從此開始了艱難的「新東方之旅」。

　　創業之初，他經常在零下十幾度的冬夜裡，一個人拎著糨糊桶，一手拿廣告，一手拿著小刷子，刷遍中關村的大街小巷。俞敏洪在電線杆上刷下了自己的汗水，也刷下了新東方未來的希望，以致若干年以後，新東方創業元老徐小平不無感慨地說：「俞敏洪左右開弓地糨糊刷，在中國留學生運動史上，刷下了最

激動人心的華章。」

　　一番辛苦，幾經周折，新東方駛入了發展的快車道。正是當年的那把小刷子，把新東方從中關村的電線杆上，刷到了美國紐約的證券交易所。

　　二○○六年九月八日，新東方教育集團在美國紐約交易所上市，新東方總裁俞敏洪個人的資產猛漲至六億元人民幣。

　　一個大陸本土民營教育機構，一個再普通不過的農民出身的中國教師，創造了一個教育的奇蹟，創造了一個資本的神話。俞敏洪本人也當之無愧地成了「中國最富有的教師」。

　　俞敏洪在求學生涯和創業過程中，根據自己的親身經歷，曾經總結出兩個著名的勵志理論，那就是「樹草理論」和「揉麵定律」。這兩個理論在新東方幾乎是人盡皆知，它深深地影響了新東方一屆又一屆的學子，也為新東方教育的光彩華章，添上了濃墨重彩的一筆。

　　在大陸中央電視臺舉辦的一檔全國性的大型勵志創業節目《贏在中國》中，俞敏洪作為點評嘉賓出現在比賽現場。在擔任大賽評委期間，俞敏洪有許多經典點評，最動人的莫過於後來被大家廣為流傳的「樹草理論」。

　　人的生活方式有兩種，

　　第一種是像草一樣活著，

　　你儘管活著，每年還在成長，

　　但是你畢竟只是一棵草，

　　你也吸收雨露陽光，

　　但是你長不大。

　　人們可以踩過你，

　　但是人們不會因為你的痛苦而產生痛苦。

　　人們不會因為你被踩了而憐憫你，

因為人們根本沒有看到你。

所以我們每一個人，

都應該像樹一樣地成長，

即使我們現在什麼都不是，

但是只要你有樹的種子，

即使你被踩到泥土中間，

你依然能夠吸收泥土的養分，

自己成長起來。

也許兩年三年你長不大，

但是十年、二十年、三十年，你一定能長成參天大樹。

當你長成參天大樹以後，

在遙遠的地方，

人們都能看到你、走近你，

你能給人一片綠色、一片陰涼，你能幫助別人。

即使人們離開了你，

回頭一看，

你依然是地平線上一道美麗的風景線。

樹，

活著是美麗的風景，

死了依然是棟樑之才，

活著死了都有用。

這段話是俞敏洪給《贏在中國》的一位選手做的一次現場演講示範，該選手是做美容美髮直營連鎖行業的。眾所周知，美容美髮行業的從業人員在社會上的地位並不高，通常被人看低一等，俞敏洪的這段現場演講，是為了能夠給創業者更激動人心的鼓勵。講這段話的俞敏洪，儘管沒有澎湃激昂，卻自有一份激動人心的力量。

俞敏洪講完之後，台上、台下掌聲雷動。

通過「樹草理論」，俞敏洪希望創業者能夠明白，職業不分貴賤，創業也沒有高低之分，只要是合法的，適合自己做的，就是好的創業項目。創業成功與否，在很大程度上取決於創業者的人生態度，取決於創業者對命運的主動抉擇：是選擇做一棵卑微的被人踐踏的小草，還是一棵給人帶來綠色與陰涼的參天大樹。

俞敏洪也多次坦言，自己就曾是一棵無人知道的小草，是一個被別人疏忽和遺忘的人。在自己辛酸的求學生涯和創業過程中，俞敏洪遇到了常人難以想像的各種困難和痛苦，但是他沒有選擇放棄，而是選擇了成長，奮發向上，努力打造屬於自己的一片天地。在這種心理暗示下，俞敏洪創辦的新東方，如滾動雪球般越滾越大，逐漸佔據了全國一半的出國培訓市場，並在上海、廣州、西安、加拿大多倫多等地設立了分校，成為大陸最大的綜合性外語培訓機構。

除了廣為流傳的「樹草理論」，在新東方還有一個人盡皆知的「揉麵定律」。

「人剛開始沒有任何社會經驗，也沒有任何痛苦，就像一堆麵粉，手一拍，它就散了。可是你給麵加點水，不斷揉搓，它就有可能成為你需要的形狀——雖然它還是麵，卻不會輕而易舉地折斷。不斷被社會各種各樣的苦難所揉搓，揉到最後，結果是你變得越來越有韌性。」

俞敏洪兩次聯考落榜，三次留學失敗，後又被北大「踹」出門外，不得不走上創業之路。創業路上更為艱辛：在寒夜，忍受著零下十幾度的低溫，提著糨糊桶滿大街小巷刷廣告；在酒桌上，為了給新東方的廣告員找把「保護傘」，他一杯接一杯地敬酒，把自己喝到了桌子底下，差點連小命都搭上……孤獨、失敗、忍受屈辱……正是這些不同尋常的人生經歷，讓俞敏洪總結

出了著名的「揉麵定律」。

在後來的教學中，俞敏洪也常給他的學生講這個道理，教導學生在學習和生活中要學會堅忍不拔。

他曾以自己為例：「我性格中有些堅忍不拔的成分，做事情要把事情做得相對好。比如我考大學，第一年沒考上第二年考，第二年沒考上第三年考，出國也是聯繫了四年，當然最後沒有成功，後來做新東方做了十四、五年，還在很認真地做。總體來說，我性格裡有一種堅韌性，不會隨便放棄。」

他還告訴學生說：「堅持一百次可能都是失敗，堅持到第一百零一次可能就成功了，像我們這樣的人就要養成習慣——就是死不買帳，我不信堅持下去明天就沒有結果，慢慢堅持下去，你就會發現你變了，變得有耐心了，變得更加沉著了。」這些曲折的經歷，這些經典的話語，鼓舞了一屆又一屆的新東方人，幫助他們學好了英語，幫助他們圓了出國夢，進而昇華為他們一生的永恆。

同樣在《贏在中國》的比賽現場，俞敏洪也曾對一位選手語重心長地說：「我覺得你要鍛鍊自己的心理承受能力。我有一個比喻，這個比喻就是心理承受能力是什麼呢？剛從校園出來什麼也不會，就像一堆麵粉。……我剛開始做新東方就是一堆麵粉，碰到障礙自己也不知道怎麼辦，真不知道這堆麵粉該兌多少水，所以用手一拍這個麵粉就散架了，我們都有過散架的經歷。」

「你遇到的艱難、打擊、失敗、挫折，都是往麵粉中間摻水，摻水的過程就是不斷地揉，最後慢慢地就變成了麵團，再拍就散不了了。繼續往後揉的話它就變成了拉麵，你可以拉，可以揉，可以變形，但是它就是不斷，你要有這樣的感覺以後，事情就做成了。」

從俞敏洪的這些話語中我們可以感受到，無論對學生還是對

創業者而言，無論在新東方還是在大陸，俞敏洪就是一本典型的勵志活教材。

有人說：這個世界上能人那麼多，如果再不努力，就跟苟延殘喘沒什麼區別。是的，人不能碌碌無為地活一輩子，每個人都要為自己的理想去努力。創業者正是這樣的一群人，他們都有一顆不羈的心，渴望改變現狀。但大部分創業者都沒有先天的條件優勢，他們只能白手起家，靠著自己辛勤地努力，創造了世界上絕大部分的財富。

淘金點評

創業艱難，但是仍有很多人飛蛾撲火般地加入創業行列，因為站在金字塔的頂端俯視世界萬物，欣賞瑰麗壯美的大地，是每個創業者的追求。雄心勃勃的創業者很多，但真正到達金字塔頂的十不存一。人要有自知之明，要意識到只有比別人付出更多的努力，才能取得比別人更高的成就。到達金字塔頂是雄鷹和蝸牛的目標，但是只有真正體驗到奮鬥中的酸甜苦辣，才算是真正的成功者。創業者就應該像蝸牛一樣爬上金字塔，而不是像雄鷹一樣飛上塔頂。只有通過自己堅持不懈的奮鬥，才能看到最美的風景。

NOTES

NOTES

NOTES

_____
_____
_____
_____
_____
_____
_____
_____
_____
_____
_____
_____
_____
_____
_____
_____
_____
_____
_____
_____
_____

國家圖書館出版品預行編目資料

敢於創業，快速挖掘第一桶金／景山編著. -- 初版. -- 新北市：

菁品文化, 2019. 09

面； 公分. --（通識系列；74）

ISBN 978-986-97881-4-4（平裝）

1. 創業　2. 成功法

494.1　　　　　　　　　　　　　　　　108012711

通識系列 074

敢於創業，快速挖掘第一桶金

編　　　著	景　山
執 行 企 劃	華冠文化
設 計 編 排	菩薩蠻電腦科技有限公司
印　　　刷	博客斯彩藝有限公司
出 版 者	菁品文化事業有限公司
	地址／23556 新北市中和區中板路 7 之 5 號 5 樓
	電話／02-22235029　傳真／02-22234544
郵 政 劃 撥	19957041　戶名：菁品文化事業有限公司
總 經 銷	創智文化有限公司
	地址／23674新北市土城區忠承路89號6樓（永寧科技園區）
	電話／02-22683489　傳真／02-22696560
網　　　址	博訊書網：http://www.booknews.com.tw
版　　　次	2019年9月初版
定　　　價	新台幣320元　（缺頁或破損的書，請寄回更換）

ISBN　978-986-97881-4-4

本書 CVS 通路由美璟文化有限公司提供　02-27239968

原書名：第一桶金的秘密